ようこそ星めぐり

せんだい
天文台だより

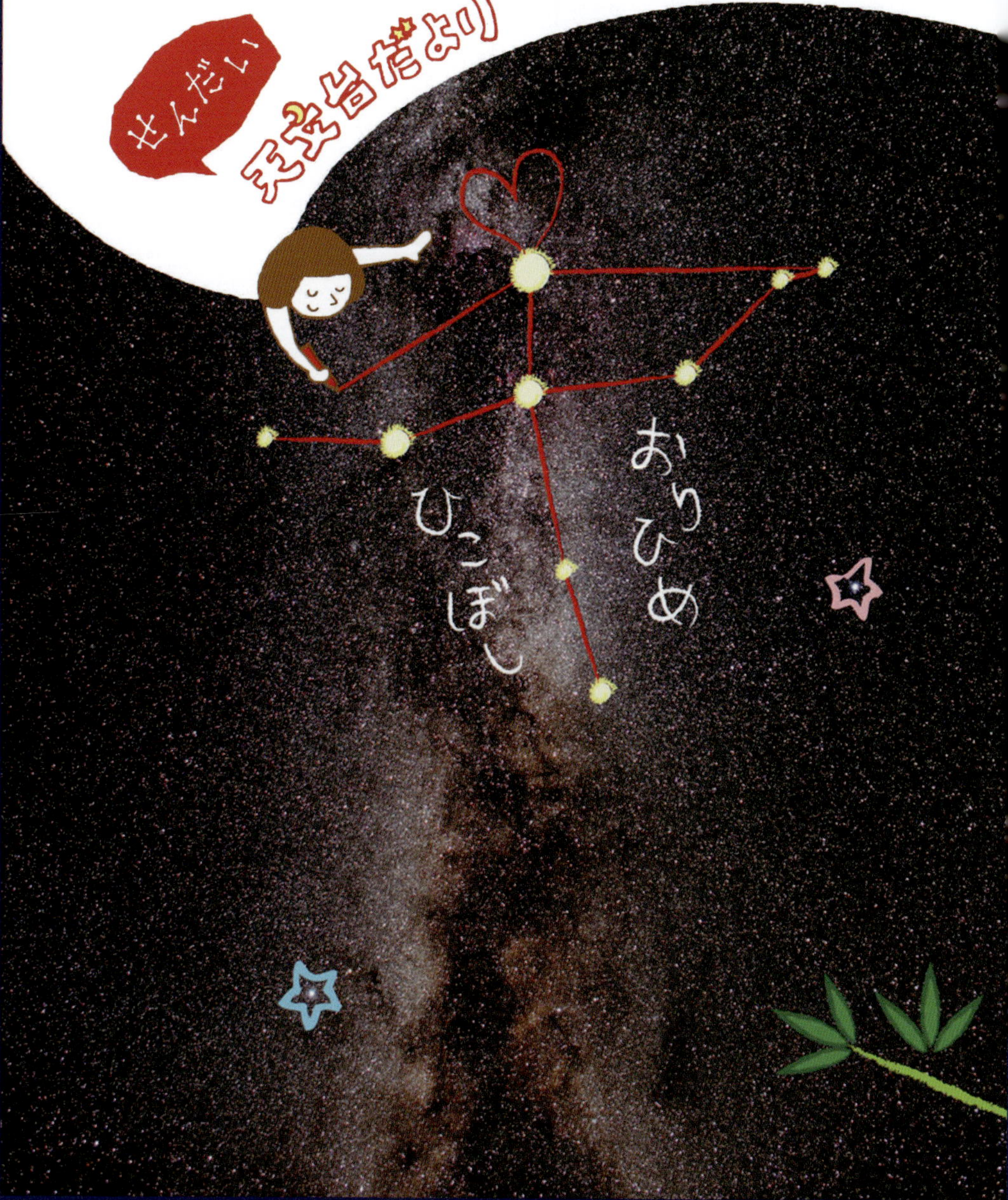

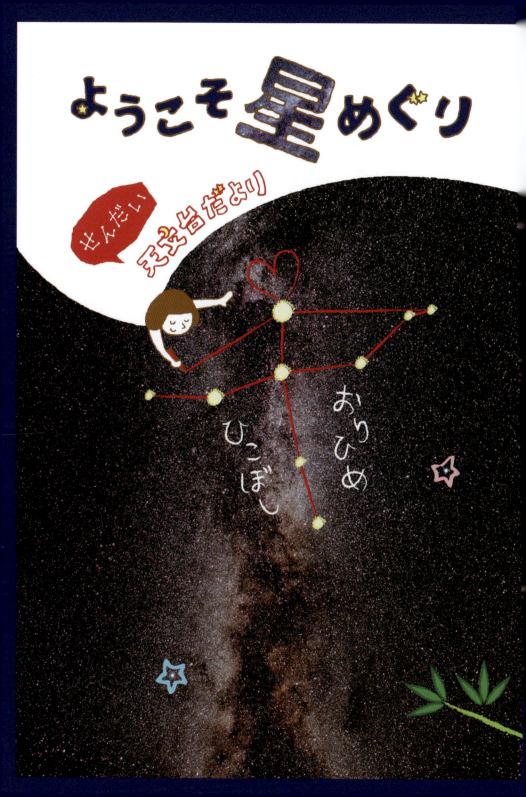

星空案内人　発刊に寄せて

私たちは自然の中で生活していますが、私が最も自然を感じるときは四季の移り変わりです。自然の少ない都会でも、空や雲の様子、公園や街路樹、影の長さなどで四季の変化を感じることができます。星空にも四季の変化があります。季節とともに星や星座が移り変わり、一年でひと巡りします。星に親しむ人は、星の移り変わりに季節を感じることができますが、星座のギリシャ神話を知っていると、季節とともに様々な天空の物語を楽しむことができます。そんなふうに星空に季節の移り変わりを感じ、人々に星空を案内してくれる人が本書の著者高橋博子さんです。

高橋さんと星との出会いの場となったのは（旧）仙台市天文台です。仙台市天文台は一九五五年、仙台市中心部の西公園に誕生しました。市民の応援を得て市民のために作られた天文台として、多くの市民が集い、星や宇宙に親しみましたが、高橋さんもその一人で、星とのお付き合いを深めながら青春時代を過ごされました。やがて、夢がかなって天文台のスタッフになり、宇宙や星空の案内人となりました。

しかし、都会では街の明かり（光害）によって美しい星空が失われつつありました。でも、仙台市天文台にはプラネタリウムがありました。球形の大きなドームに星を投映し満天の星空を疑似体験させてくれる装置です。日ごろ星空に親しんでいる高橋さんの星空への思いを込めたプラネタリウムの解説はたいへん好評で、多くのファンが生まれ、星空の「生」解説者として全国に知られるようになりました。

その後、仙台市天文台は、都市化による観測環境の悪化や地下鉄建設などのために郊外に移転し、二〇〇八年に新しく生まれ変わりました。高橋さんは新しい天文台でも星空の解説員として市民に星空を案内しながら、後輩の指導・育成にもあたっていらっしゃいます。

私は、旧天文台時代から利用者として、高橋さんの星空案内を楽しませていただきましたが、新しい天文台の発足とともに、台長として一緒に仕事をするようになりました。新しい天文台も多くの市民に親しまれ賑わっていますが、最も人気があり利用者が多いのがプラネタリウムで、高橋さんの解説を「目当て」に来館されるリピーターも大勢いらっしゃいます。

この本は、時空を超えて仙台市天文台から届けられた高橋さんの「お便り」です。高橋さんの歩みを追体験し、星空や宇宙の楽しさ、美しさに触れることができると思います。

仙台市天文台台長　土佐　誠

目次

一月の星空

1月15日
午後8時半頃の星空

一月（睦月）の星めぐり

新年の始まりは気持ちも引き締まる。今年は、ひと月に一つずつ星座を覚えてみるという目標を作ってみるのはいかが？

仙台での初日の出の時刻は六時五十三分ごろ。早起きが苦手な人も日の出を見るのにはよい季節だ。朝の澄んだ空気の中、まだ暗い空には星がきらめき、やがて白々と夜が明けていく光景はあまりに美しく心が洗われるようだ。

平安時代の女流エッセイスト清少納言は、枕草子の中で「冬は早朝が一番よい」と書いている。「雪が降っている朝は言うまでもない」そうなので、彼女にとっては朝見る星より雪景色の方が印象が強かったようだ。

星空を見上げると、東半分がやけににぎやかに感じられることだろう。これは、明るい一等星が七個も輝く冬の星座たちが、東から南にかけてすべて見えているからだ。西半分に広がる秋の星座たちには明るい星が少ないために、より一層東の空の華やかさに圧倒されているかのようだ。

七個の一等星の中で、最も明るく輝いているのが「シリウス」だ。明るさはマイナス一・五等、全天では一番明るい恒星である。シリウスから星を結んで、夜空に大きい三角を作ってみよう。いろいろな三角ができるはずだが、「ベテルギウス」と「プロキオン」を結んでできる三角は、特に「冬の大三角」と呼ばれている。青白い光を放つシリウスとは対照的に、ベテルギウスは赤っぽく見える。この個性的な二つの星と比べると、より普通に見えてしまうのがプロキオンだ。

冬の大三角は冬の星座探しのキーポイントでもあるので、時間が過ぎて見える位置や三角の向きが変わってもすぐに探せるようにしておくとよい。

次に、冬の大三角の周りの一等星を見ていこう。ベテルギウスから少し下がったところに「リゲル」、南の空高くにオレンジ色に見えているのが「アルデバラン」、さらに頭の真上近くに見えるのが「カペラ」、リゲルとベテルギウスを結んだ先に「ポルックス」がある。

2015年1月1日、貞山堀堤防（仙台市若林区）から初日の出を拝む（撮影・佐藤信）

ベテルギウスを中に置いて、これらの明るい星たちをぐるりと結ぶと、巨大なダイヤモンドの形が出来上がる。こちらは「冬のダイヤモンド」などと呼んだりする。ベテルギウスとリゲル、二個の一等星と五個の二等星で「オリオン座」が出来上がる。一目見たら忘れることができないほど、形が整った格好いい星座だ。冬の大三角を探したら一緒に覚えておこう。

明るい星たちをじっと眺めながら星の色の違いも分かると楽しくなってくる。お気に入りの星は見つかるだろうか。オリオン座の真下にある「うさぎ座」の中には、東北楽天ゴールデンイーグルスのカラーであるクリムゾンレッド色に輝く「クリムゾンスター」と名付けられた星がある。望遠鏡を使わないと見ることができないのが残念だ。

十二支と星座

十二支は身近な動物に当てはめられている。一方、八十八個ある星座の中で動物の星座は半数近くを占める。十二支と星座の歴史に接点は見当たらないが、星好きの人たちの年賀状には十二支の動物と星座を素敵にデザインしているものが多くて楽しみでもある。星空に十二支の中で星座になっているものを探してみよう。

子：ねずみ座はない。

丑：うし座はないが「おうし座」が冬空高くに見える。

寅：とら座はない。

卯：「うさぎ座」が冬の星座の代表オリオン座の足の下に小さくうずくまっている。

辰：たつ座はないが、「りゅう座」がある。北の空でとぐろを巻いている。

巳：「へび座」と「うみへび座」がある。

午：うま座はないが、「こうま座」とちょっと変わった馬の姿の星座がふたつある。背中に翼を持つ天馬、「ペガスス座」と額に1本の角を持つユニコーン、「いっかくじゅう座」。

未：ひつじ座はないが「おひつじ座」がある。おうし座の西隣にひっそりと見えている。

申：さる座はない。

酉：十二支のとりは鶏のようだが、にわとり座はない。仙台から見える鳥の星座は「わし座」「はくちょう座」「からす座」「はと座」。

戌：「おおいぬ座」と「こいぬ座」がオリオンの後をついていくように見えている。

亥：いのしし座はない。韓国では亥は豚だが、ぶた座もない。

一月の星空には、これらの星座たちが意外に見えている。いくつ探せるかな？

暦と木星

新年早々のプラネタリウムで「今年はなにどしでしょう?」と尋ねることがある。

年の初めはさすがに「○○どし!」と即答が返ってくる。「私は○○どし生まれ」「○○どし生まれだからせっかちなの」などと使ったり、十二支は結構身近な存在だ。

そもそもプラネタリウムで、なぜ「今年はなにどし?」などと聞いたりするかと言えば、十二支が木星と関係があることを年の初めにお話ししようと思うからである。

木星の公転周期は約十二年である。古代の中国では、木星が十二年かけて星空を一回りしていくことを知っていて、天を十二に分けて木星がいる位置で年を表していたそうだ。これが十二支の名前の由来だと言われている。木星は、年を教える星ということで「歳星」と呼ばれていた。

子丑寅卯辰巳午未申酉戌亥、「し・ちゅう・いん・ぼう・しん・し・ご・び・しん・ゆう・じゅつ・がい」。何とも難しい。そこで、人々に分かりやすく伝えるために動物に当てはめたそうである。「ね・うし・とら・う・たつ・み・うま・ひつじ・さる・とり・いぬ・い」。これなら動物を思い浮かべずっと身近になってくる。

木星の公転周期の十二という数字は、私たちの生活に非常に関わりが深い。時間がまさにそうだ。二十四時間を十二支で表すと一つが二時間ずつなので、「草木も眠る丑三つ時」の「丑」は夜中の一時から三時ごろで、まさに皆寝静まっている。昼「正午をお知らせします」と今も使われている。三六〇度を十二支で表すと一つが三〇度。これで方角も表すことができる。「子」は「北」を表すので、「北極星」は「子の星」とも呼ばれる。

今の時代、十二支で時刻や方角を言う人はいないが、星が生活の中に自然に溶け込んでいた時代を思いつつ、そういう文化の面白さを少しでも伝えられたらいいなと思う。

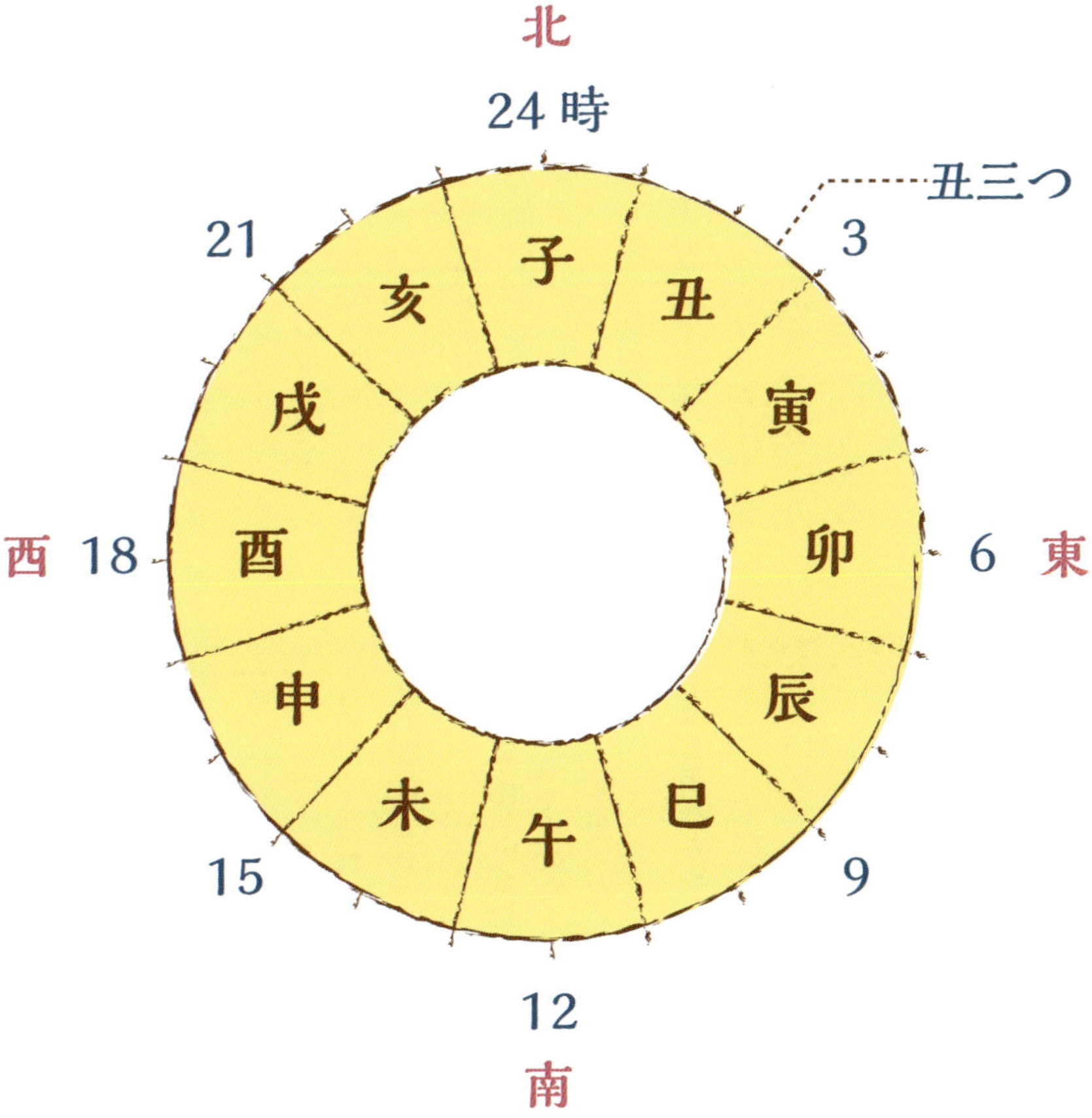
北
24時
丑三つ
21
3
子
亥
丑
戌
寅
西
18
酉
卯
6
東
申
辰
未
午
巳
15
9
12
南

銀河に恋する

天文台の開館時刻、午前九時になると、館内だけでなく外のスピーカーからも聞こえてくるのが、遊佐未森さんの歌う『銀河に恋するプラネタリウム』だ。

遊佐さんは仙台市出身のシンガー・ソングライター。仙台駅前のクリスロードには遊佐さんの歌声『いつも同じ瞳』が流れている。

『銀河に恋するプラネタリウム』は、遊佐さんが錦ケ丘(仙台市青葉区)にある現在の仙台市天文台をイメージして作ってくれたものだ。

二〇〇八年に街中の西公園から錦ケ丘に移転をした天文台はこんなところ。仙台の中心部からは車で約二十分、JR仙山線の愛子駅から西に歩いて約四十分。国道四十八号線方面から来ると、錦ケ丘の坂をゆっくり上り、住宅地の向こうに白く大きなプラネタリウムのドームがドーンと現れるのに驚くかもしれない。

秋保温泉方面から緩やかな山道を上って来ると、角張った「ひとみ望遠鏡」のドームと小さくかわいい太陽望遠鏡のドームが木々の間から姿を見せる。

入り口を入って目に飛び込んでくるのは、旧天文台で最後まで活躍したプラネタリウムと望遠鏡だ。きっと懐かしく思う人もいるだろう。そして、展示室とひとみ望遠鏡観測室とプラネタリウムが宇宙への架け橋だ。『銀河に恋するプラネタリウム』はこう始まる。

♪星屑《ほしくず》がこぼれる　丘の上にある　ドームではいつでも
誰かが夢見てる

なんだか優しい気持ち、幸せな気持ちにさせてくれるなあ。天文台に来てくれた人たちが、遠い宇宙に思いをはせながら大好きな人を思い、たくさんの夢を描いてくれますように。

♪はじまりも終わりも　はてしない宇宙　この空は
わたしの　こころの故郷よ　（二番の歌詞より）

そう、広がる宇宙に輝く星、この空を懐かしいと思うのは、ここが私たちが生まれたところ、宇宙は私たちのふるさとだからだ。

天文台の閉館時刻の午後五時、再び『銀河に恋するプラネタリウム』が流れ、また星に会いに来てくださいね、というメッセージを送るのだ。

遊佐未森天文台コンサート〜銀河歌集Vol.5〜（2014年9月13・14日開催、下の写真も）

銀河に恋するプラネタリウム（一番）

作詞・作曲　遊佐未森

星屑がこぼれる　丘の上にある
ドームではいつでも　誰かが夢見てる
幾億光年　越えてゆく
ミルキーウェイを　渡って
May your dream sky twinkle with stars
銀河に恋するプラネタリウム

太陽にうっとり

太陽は、私たちにさまざまな表情を見せてくれるきれいな星だ。日の出や日の入り前後の姿など言うまでもない。空高くから力強くエネルギーにあふれた光を照りつけることもあれば、冷えた体の芯までポカポカと温めてくれるような優しい光を届けてくれたりもする。

そんな太陽のもう一つの美しい表情は、望遠鏡で見る顔である。

私が初めてそれを見たのは高校の地学部天文班に入部して間もなくの時だった。六チセンのレンズの小さい屈折望遠鏡を三脚ごと肩に担ぎ、踊り場から屋上に運び出す。

直接のぞけないので、太陽投影板に太陽像を映し出しピントを合わせると、表面に「黒点」と呼ばれる黒い模様が見えてくる。それを鉛筆でスケッチした。望遠鏡で星を見たくて入部したのに夜の活動はなく、来る日も来る日も黒点のスケッチとデータ整理ばかり。正直がっかりしていたが、そのうち何だか楽しくなってきた。卒業するころになると、会えなくなることが愛《いと》しい恋人と別れるかのごとく寂しくて困ってしまうほど太陽が大好きになっていた。

旧天文台では十五チセンの屈折望遠鏡を使いスケッチを続けた。黒点の現れる位置をグラフにすると、およそ十一年で一匹の蝶々《ちょうちょ》の形が出来上がる。自分の観測で蝶々になった時はとてもうれしかった。蝶を三匹分、つまり三十年近く太陽と向き合いながら、まさに生きている太陽を実感した。

黒点が生まれたり消えたりする、形が変わっていく、太陽の自転とともに動いていく、長い周期で黒点数が増減を繰り返す、どれも活動の一コマだ。大気の落ち着いた日に見る太陽はあまりに美しく、何度うっとりと見とれてしまったか分からないほどだ。太陽の顔はザラザラと細かいところまで見えて、黒点は砂鉄が磁力線に沿って筋を描くように細かい筋が放射状の模様となり、まるでひまわりが咲いているかのようだ。

いつも変わりなく空にある太陽も常に変化をしながら生きている。黒点がいっぱいあるといかにも元気そうでうれしくなる。そんな太陽を見ながら、その光を全身に受けている空気感もいい。高校の屋上から遠くに見える海が朝の光でキラキラ輝くのを見るのが好きだったように、自分の周りのすべてのものが太陽とともに生きていると感じられることが、よりこの星をすてきにさせる。

西公園の旧天文台時代、太陽観測する筆者（1986年3月）

高校時代から太陽にあこがれる。左が筆者（1973年ごろ）

天文台の住人たち

天文台の仲間たちって、どんなタイプの人が多いだろう。習性を分析してみると—。

①面白いと思う天体現象などを無理やり人に見せたくなる

偶然そばにいた人はその餌食となる。個人的に望遠鏡で星を観察している時、国際宇宙ステーションが飛んでいる光を見つけた時、太陽の周りにくるりと虹のような「暈《かさ》」と呼ばれるものを発見した時、通りがかりの人をわざわざ呼び止め、頼まれもしないのに見せたり、感動を押し売りしたりしてしまう。現象の解説まで始める人も。

②つい空を見上げてしまう

昼間でも夜でも外に出るとつい空を見上げる。一番町のネオン街でもコボスタのナイター照明の中でも、つい空を見上げ星を探し、一つでも見つけると満足する。

③テレビに星空が映った瞬間、星座の解明に真剣になる

CMであっても何か番組の背景であっても、星空がテレビに映る時間は短く、あっという間に次の場面に変わってしまう。その短い時間の中で、いかに早くどこを写したものかを探ってしまう。天の川が映っていると判断しやすく、さそり座のS字カーブや南十字を見つけた瞬間、心の中で「よし」と叫ぶ。カシオペヤのWや北斗七星のような見てすぐ分かる星並びがない時には、明るい星を頼りに考えるのだが、分からないまま映像が終わってしまうと「残念」と悔しがる。

④星や月の模様に即反応する

建物であっても、小物であっても、月や星のマークやイラストなどが一個でも目に入ると、びびっと反応してしまう。お酒のラベルに星がついているだけで買いたくなるし、星や宇宙の模様がプリントされているTシャツを着ている人を見つけると、人ではなくTシャツから目が離せなくなる。

天文台にいるとこうなるのか、こういう人が天文台に集まるのか、こんな習性の私たち。

太陽の周りにできた「暈(かさ)」(2014年5月3日、撮影地・仙台市天文台)

赤いつなぎのユニホーム姿で来館者を迎えるスタッフたち（2013年6月14日付河北新報より）

仙台市天文台の住人たち

土佐誠台長。土曜夜のトワイライトサロンで宇宙の神秘を優しい語り口で説く（2013年7月2日付河北新報より）

メディア制作担当の立花沙由里さん。本書の星図とイラストを描いてくれました（2013年6月21日付河北新報より）

冬のダイヤモンド。2014年11月23日、石巻市鮎川の御番所公園で（撮影・十河弘）

二月の星空

2月15日
午後8時半頃の星空

二月(如月)の星めぐり

道路の温度計の表示が冷蔵庫や冷凍庫の温度になっているのを見ると、体が一層縮こまってしまいそうになる毎日だ。凍えるような寒さの日に、空から舞い降りた雪が結晶のまま残っているのを見つけることがある。何だか自分の目が顕微鏡になったようで嬉しくてじっと見入ってしまう。自然の中で出来上がった小さな結晶は本当に美しい。

寒い季節だからこそ、ぴんと張りつめた空気の中で輝く星のきらめきには力強ささえ感じる。南の空はいよいよ冬の星座たちの晴れ舞台。一年で最も華やかな星空を演出している。「冬の大三角」と冬のダイヤモンドを頼りに、一等星を探しながら星座巡りに出掛けるとしよう。

「オリオン座」　オリオンは狩人の姿として描かれている。ベテルギウスは右肩の辺りで輝いているが、意味は「脇の下」だ。リゲルは左の足先にある。ベテルギウスとリゲルの間で二等星が三つきれいに並び、ベルトを作っている。大きな砂時計やリボンの形は見事だが、こん棒と盾を持つ勇ましいオリオンを想像した昔の人の想像力たるや素晴らしい芸術家である。

「おおいぬ座」　シリウスを犬の鼻先に見立て、小さな星を二つ加えて三角を作ると顔に見えてくる。横向きで顔だけこっちを向いている犬の形は想像しやすい。

「おうし座」　アルデバランから星がV字型に並んでいるところが牛の顔だ。片目を血走らせてオリオンを睨んでいる。

「ぎょしゃ座」　カペラのまわりに野球のベース型の五角形を描く。ここに車の運転手さん(御者)が描かれている。

「ふたご座」　ポルックスの隣に光る「カストル」は二等星だが、二つ並んだ星はまさしく仲良しの双子の兄弟だ。オリオン座の方に足を向け、肩を組んで立っている双子が描かれる。

朝焼けの空をバックに、北上川(石巻市)で水鳥たちが遊ぶ(2013年2月10日、撮影・十河弘)

「こいぬ座」　プロキオンはちょっと孤独。隣の暗い星と二つだけで犬の姿を想像するのは難しい。

にぎやかな南の空から、ふと北東の空に目を向けると懐かしい星並びが目に入る。しばらく北の地平線低いところで影をひそめていた北斗七星が、「これから昇っていくよ」と出番を待っていた。そうすると、北西の空でWの星並びのカシオペヤが徐々に低くなってくる。北斗七星とカシオペヤは、北極星を中心にほぼ対照的に位置するからだ。

そして東からは、春の星座のシンボル「しし座」がひょっこり顔を出していた。

このようにして季節はゆっくりと巡っていく。

寄付と募金で生まれた天文台

仙台にはかつて「加藤三兄弟」と呼ばれた人たちがいた。仙台市科学館や仙台市野草園を構想した多喜雄さん。生物学者でもあり宮城県美術館の初代館長になった陸奥雄さん。そして「子どもたちに望遠鏡で本物の星を見せてあげたい」と、天文台建設を市に働き掛け初代台長となった愛雄《よしお》さんだ。

加藤愛雄さんは戦後まもない頃、仙台市荒町小学校の先生に頼まれて子どもたちに星を見せた。東北大学の望遠鏡は戦災で焼けていたので、お粗末な望遠鏡しか集められず、子どもたちが「もっとはっきり見えないかなあ」とガッカリしていた。そんな様子を見て、子どもたちの希望を砕いてはいけない、一つでいいから本式のしっかりした望遠鏡があって学校で利用できたらどんなにいいだろうと思ったそうだ。

ちょうどその頃、偶然にも仙台藩の天文観測機器が発見された。仙台は江戸時代から天体観測を行っていたのだ。仙台に天文台を、という思いがますます大きくなったことだろう。そして、加藤さんの思いを知った多くの人たちが天文台建設のために動き出した！

地元の企業商店からの寄付。まだまだ資金が足りずに商店をめぐり募金活動も行ったが、「ウチと天文と何が関係あるんですかネ」と門前払いを食わせられることもたびたびだったとか。驚くべきは、市内の小学生中学生高校生による十円、二十円募金。市民の皆さんからの寄付金と募金二百三十七万五千二百五円は、建設費の半分を上回る額となった。

こうして、市民の皆さんの思いと期待が込められた天文台は一九五五（昭和三十）年二月一日、仙台市の西公園内に開設された。

初代の台長には加藤愛雄さんが就任。共に募金活動に奔走した東北大学理学部助手の小坂由須人《おさかゆすと》さんが、大学をやめて天文台のスタッフとなった。この二人がいなければ、仙台に天文台はなかったかもしれない。小坂さんは一九七〇（昭和四十五）年に二代目の台長となった。

仙台市天文台が多くの人たちの支えがあってできたという、こんな素敵ないきさつを知っている人は、今どれくらいいるのだろう。

西公園に設置された仙台市天文台。錦ケ丘に移転するまで半世紀にわたり市民に親しまれた（閉館記念のはがきより）

現在の天文台（仙台市青葉区錦ケ丘）には、「加藤・小坂ホール」という広い部屋がある。講演会やワークショップはもちろんのこと、団体の皆さんの昼食場所になったり、混雑する時期には休憩場所になったりもする。入り口に掲げられているプレートには、二人の顔写真とともにホールの名前の由来が刻まれている。思い出したら一度は見てほしいコーナーである。

仙台市天文台のあゆみ

1955年	（昭和30年）	2月	開館（仙台市青葉区の西公園内）、観覧業務開始
1956年	（昭和31年）	10月	初代台長に加藤愛雄氏就任
1957年	（昭和32年）	7月	移動天文教室実施
1968年	（昭和43年）	5月	プラネタリウム館開館（プラネタリウムは河北新報社より寄贈）
1970年	（昭和45年）	10月	第二代台長に小坂由須人氏就任
1978年	（昭和53年）	6月	宮城県沖地震で41センチ反射望遠鏡が使用不能となるなどの被害
1982年	（昭和57年）	4月	太陽面爆発観測装置完成
1993年	（平成5年）	3月	移動天文車ベガ号導入
2001年	（平成13年）	12月	入館者300万人達成
2006年	（平成18年）	5月	新・天文台工事着手
2007年	（平成19年）	12月	西公園の仙台市天文台終了
2008年	（平成20年）	4月	第七代台長に土佐誠氏就任
		7月	仙台市青葉区錦ケ丘にリニューアルオープン
2011年	（平成23年）	3月	東日本大震災のため、12日以降臨時休館（〜2011年4月15日）
2012年	（平成24年）	9月	天文台所蔵の渾天儀、象限儀、天球儀が国指定重要文化財となる
2015年	（平成27年）	2月	開館60周年

大八車で運んだ重要文化財

小坂由須人《おさかゆすと》さんの自慢話の一つに、ある夏の日の出来事というものがある。それは、小坂さんが東北大学地球物理学教室の学生だった一九四八（昭和二十三）年夏のこと。伊達家の方からこんな電話があったそうだ。

「蔵を整理しているところなのですが、大きな地球儀のような物があって、置き場所にも困るんですよ。処分しようと思うんですが、欲しければあげますよ」。そこで加藤愛雄教授（当時）と小坂さんとで見に行くことになった。

薄暗い蔵の中で目にしたものは、地球儀ではなく天球儀のようであり、ほかにも青銅製の大きい輪が数個バラバラになって転がっていた。小坂さんは、子どもの頃に読んだ天文書に載っていた古代中国の「渾天儀《こんてんぎ》」の残骸《ざんがい》ではないかと考えた。さらに目盛りのついた板は千葉の伊能忠敬の住居で見た「象限儀《しょうげんぎ》」に似ているとすぐに分かった、という。

小坂さんの自慢話は、ここからますます熱を帯びてくる。

「このガラクタの山を大八車に積んでね、大学まで運んだ。加藤先生は桃太郎、戌年生まれの私は忠犬。美しいおとぎ話とは大違いでね、ガタボコ道だから、途中で車が外れるやら大変だった。麦わら帽子姿の二人が汗だくで意味不明なものをせっせと運んでいるから、みんなにジロジロ見られたよ」

捨てられそうになっていたものの正体は、実は驚くべきものだった。小坂さんの言葉を借りれば「日本の古代天文史、測量史上唯一無二の宝物」、江戸時代の仙台藩の貴重な天文機器、渾天儀、天球儀、象限儀だったのである。

旧仙台市天文台に展示してあった渾天儀など

小坂さんは、バラバラになっていた渾天儀の復元に取りかかった。失われていた金属部を真鍮《しんちゅう》で作り、架台は木で作った。漆塗りの天球儀の美しさには恋心さえ湧いたそうだ。

これら観測機器は、ずっと東北大学地球物理学教室の玄関に置かれていたが、その後開設された仙台市天文台に展示されることになった。そして、発掘から二十二年後の一九七〇（昭和四十五）年に仙台市指定有形文化財に指定された。二〇一二年には国指定重要文化財に認定され、新天文台の展示室で温度湿度管理された立派なケースに鎮座している。

渾天儀で星の位置や緯度経度を測定し、天球儀に観測結果を記入する。実際に観測に使われた渾天儀で現存するのは、ここ仙台にあるものだけだった。仙台での精度の高い星の観測が、当時大切な暦を作る役に立っていたと知り、誇らしい気持ちになった。

そのような大事な物たちを汗だくになって大八車で運んだ加藤さんと小坂さんの目と行動力はすごい。天文台を訪れてこれらの天文機器を見たら、その昔、大八車の上で揺れていた姿を思い出してほしい。

小坂さんの思い出

小坂由須人さんは一九七〇年から九一年まで、仙台市天文台の二代目台長だった。

年中、黒いスーツ姿で、その上に汚れて黒ずんだ白衣を着ていた。白衣のポケットにはいろんな種類のペンが差してあり、ボタン穴にはいつも忘れないようにと大事なことが書かれた荷札がくっ付いていた。

記念の日には黒いフロックコートを着た。仙台天文同好会の合宿など特別な日には、日食観測でスリランカへ行った際に買った白い民族衣装を身にまとい、得意になっていた。

狭い事務室の中の台長の机は、お客さんの応対をする窓口に二番目に近く、一台しかない電話に一番近い場所にあった。なので、窓口で切符も売れば、電話にも出る。館内放送からプラネタリウムの入場整理まで、何でもかんでもやっていた。

窓口では、相手が小学生でも、明らかにカップルであっても「はい、いらっしゃい。小学生? 中学生? 高校生?」と聞くのだった。「高校生」という返事が返ってくると、待ってましたとばかりに「生徒手帳見せて」と言う。大抵が持って来ないので、その後のせりふが長い。

「高校生たるもの、生徒手帳は肌身離さず持っていなければいけない。これは教育委員会で決まっていることだ。知らなかった? これからは持ってくるように。今日はいいよ」

この「高校生たるもの」には特に力が入っていた。

電話が鳴ると大変だ。何しろ小坂さんが電話に一番近いので先に取られてしまう。質問の電話だったりすると、皆ハラハラした。夏休みの宿題について親がかけてきたりすると「宿題は本人が考えてするものですから、本人を寄こしてください」とキッパリ言う。

UFOは存在するとか、見たとかいう電話に、初めは「天文屋さんは毎晩空を見ていても目撃してませんからね～」などと濁しているのだが、だんだんヒートアップしてくると「UFOなんかを信じている者は、頭のオカシイ連中だから私はこれ以上お付き合いしません!」ということになる。

大好きな子どもたちに星の授業をする小坂由須人さん（1981年12月）

プラネタリウムの投映の前には、必ず望遠鏡の案内があった。担当が自分でアナウンスをしてお客さんを天文台へと連れて行く。小坂さんはアナウンスと同時に、白衣をたなびかせて張り切って展示室へ向かう。そうして、天文台に上がらないで展示室に残っているお客さんを次から次へと天文台へと押し上げる。カップルなどは「あ、またあのおじいさんが来た！」と逃げ回っていた。

ある年のクリスマスちびっこアワーの入場の時のこと。頼みもしないのに、小坂さんが突然赤いサンタさんの衣装を着て、プラネタリウムの入り口で「メリークリスマス！　メリークリスマス！」とクルクル回りながら、子どもたちと握手をしていた。誰もあれが台長とは思っていない。小坂さんは子どもたちをとてもかわいがった。

小坂さんは春になると、いそいそと窓口に座った。新入生が天文台に来るのを待っているのだ。昭和四十五年三月七日の河北新報夕刊の随想にこう書いている。

「四月は私の最も好きな季節。冬枯れの草木が一斉に若芽を萌えだすように、町に野に新入生があふれる季節だからだ。そのかんばせを見れば、キッと引き締めたほおを赤くして、ひとみには内なる求学心の炎を宿した美少年その純粋な心はおのずと言行に現れてすがすがしい」

何とも恋い焦がれる様があふれ出ているではないか。数々の少年たちの話の中で、よく耳にしたのは「トサボー」であった。「トサボーというかわいい子がいてね、東京で天文学会があった時に中学生なのに一人で来ていたんだよ。『望遠鏡を使わせてあげるから仙台においで』と言ったら、夏休みに本当に来たんだよ。わっはっは」という話を何度も聞いた。

トサボーは東京の高校を卒業後東北大学理学部天文学教室に入り、大学院を卒業し名古屋大学に就職をしたから遠くに行っちゃった―と自慢そうな、残念そうな顔をしていたものだ。小坂さんを魅了したトサボーとはいったいどういう人物であろうかとずっと気になっていたが、その後東北大学に戻り小坂さんを喜ばせた。そのトサボーが、現在の天文台の土佐誠台長なのである。

小坂さんは一九九八年、七十五歳で星の世界へと旅立った。

知人のトロンボーンを吹くまねをする小坂さん。名物台長として多くの天文ファンに慕われた

しかし、たびたび天文台に現れるのを霊感の強い人たちが感じたり、目撃したりしている。「今プラネタリウムの中を白衣着た人が飛んで行きましたよ」「あ、小坂さんが来ている」。誰もいないはずなのに、ガタガタと物音がして、その度に「天文台を離れられないんだねえ」などと言い合っていた。

最近小坂さんが来ないという話をしていた時のこと。仙台天文同好会の会員で古川のパレットおおさきのスタッフが、こともなげに言った。「小坂さん、このところパレットおおさきに来ていますよ」。ここのスタッフ二人も、小坂さんによく面倒を見てもらった少年たちだったのだ。

西公園の天文台がなくなった時は小坂さん大丈夫かなとちょっと心配したものだ。錦ケ丘に移転してからおとなしくしているようだが、きっと天からニコニコしながら、トサボーを、私たちを見守ってくれていることだろう。

名物ジャングルジム？

目の前にジャングルジムがあると、人は上りたくなる。

西公園（仙台市青葉区）にあった旧天文台の前にも、丸いジャングルジムがあったのを覚えている方も多いだろう。

でも、子どもたちがそこで遊ぶと、「危ないから下りてね〜！」と注意されたり、「こら！これは上るものではない！」と怒られたりするのだった。何とこの正体は、スタッフ手作りの「天球儀」だったのだ。

天文台が開台して五年後の一九六〇年、市内の中学生が天文台に来て天文の授業をするという、当時としては画期的な事業が始まった。まだプラネタリウムも展示室もなく、直径五メートルの小さい天文台があるだけ。その中にいすを並べて授業が行われるが、入れない生徒は外で待っている。その外での待ち時間を利用しようと「屋外大天球儀構想」が出来上がった。

天文台若手スタッフの倉持完さんが設計図を描き、古い鉄パイプを集めた。仙台天文同好会の中学生や高

「ジャングルジム」での授業風景。西公園のシンボルの一つだったが、今はもうない

校生も手伝って、バーナーでパイプを曲げ組み立てていった。鉄パイプの天球儀の内側には木の板でベンチも作った。

ベンチに座ると、目の高さが地平線だ。北にある小さな「○」が仙台から見る「天の北極」、つまりその穴からは北極星が見える。「天の赤道」は赤い色、北と南と天頂を通る「天の子午線」は黄色に塗られた。

暑い夏の日も、寒い冬の日も、中学生たちは文句も言わずに天球儀の中に腰をかけて、パイプのかなたに広がる天球を学んだ。

学習で使われなくなってからも屋外大天球儀はずっと天文台の前にあり、天文台のシンボル的存在となっていた。上る人たちの姿は絶えることはなく、仲良く座るカップルやお弁当を食べたり桜を眺めたりと人々の憩いの場となっていた。

しかし、移転のためについに撤去される日が訪れた。二〇〇七年十二月十八日。あっという間に切断されてしまった天球儀を見て、涙があふれた。

四十一センチから百三十センチへ

旧天文台の望遠鏡は鏡の直径が四十一センチ反射望遠鏡だった。四十センチというキリのいい数字でなかった訳は？

話は昭和二十八年にさかのぼる。当時富山市天文台が、公開天文台としては国産最大の四十センチ反射望遠鏡を備えて開設されることが決まっていた。

そこで、時を同じくしてオープンの準備をしていた仙台市天文台は一センチ大きくしたそうだ。たった一センチの違いでも、国産最大と言えることは、皆の誇りとなったことだろう。薄暗い螺旋《らせん》階段を上りきると見えてくる四十一センチ反射望遠鏡の凜《りん》とした姿は威容を放ちつつも美しく、ドームの中にたたずむと、そこから宇宙につながっていくような気がしたものだ。

一九七八（昭和五十三）年の宮城県沖地震で、望遠鏡を支える架台部分が損傷を受けたため、翌年に新しい四十一センチ反射望遠鏡に代わった。西公園で最後まで活躍したこの望遠鏡は、新天文台のオープンスペースの中央に展示してある。時々懐かしそうに眺めている人の姿を見かける。

新天文台は、東北一の大きさを誇る百三十センチ反射望遠鏡を有する。一見ロボットのようでもあり、開け放たれたドームから宇宙へ飛び出すのを想像する人もたまにいて面白い。この新しい望遠鏡には「ひとみ」というかわいらしい愛称がついている。公募で選ばれた名前だが、何ともドラマチックな経緯を持っているのだ。

まず、全国からの応募数が「六千六百六十六通」だった。この中で「ひとみ・ヒトミ・瞳」と書かれていたのが「六十六通」。冗談のような数字だ。「一・三メートル」の「一」は「ひとつ」、「三」は「みっつ」。つなげて「ひとみ」。

私たちの「瞳」となって、宇宙を身近に感じてもらえる存在になってほしい―という思いから、最終的に「ひとみ」と決まった。

ひとみ望遠鏡は、昼も夜もフル回転で大活躍だ。青空の中に一等星や二等星は楽に見えるし、夜は月や惑星はもちろんのこと、淡い天体や遠くの銀河などが私たちに壮大な宇宙の広さや美しさを語りかけてくれるだろう。

鏡の直径が130センチの「ひとみ望遠鏡」（2013年6月24日付河北新報より）

役目を終えて新天文台に展示されている直径41センチの反射望遠鏡

プラネタリウム館が開館（1968年）した頃の旧天文台と西公園周辺

三月の星空

3月15日
午後8時半頃の星空

三月（弥生）の星めぐり

自然界の植物たちは、冬の間も小さなつぼみの中にしっかりとエネルギーを蓄えながら春が来るのを待っている。実にたくましい。

人間の世界では、何かと慌ただしい年度末だ。そんな中、ふと気がつくといつの間にやら日が長くなっている。太陽は規則正しく高度を上げ、今月の終わりはもう春分なのだ。なごり雪が消えると、あちらこちらで花が咲き始める。

華やかな冬の星座の大集団は、南を過ぎて西半分の空を占領して見えている。きりりと締まった冬空に凛《りん》として輝いていた星たちはそっくりそのまま星空にあるのに、空気が緩んできた空の下ではどことなく印象が違って見える。次の季節の星座たちに席を譲るべくちょっとおとなしめだ。

「しし座」が東から頭を上に昇ってくる姿が堂々と強そうに見える。ギリシャ神話では、ネメアの森に住む人食いライオンが「しし座」となったという。

ライオンの胸に輝く一等星「レグルス」は、小さな王様という意味だ。レグルスから星をたどると、「はてなマーク」を裏返しにしたような、つぼ付きの帽子みたいな星並びができる。西洋では「ししの大鎌」と呼ばれ、その丸くなったところがライオンの頭だ。しし座の二等星「デネボラ」がライオンのしっぽ辺りに輝く。

北東の空に、「北斗七星」がだいぶ高く昇って来ている。北の空を巡る北斗七星は、ぐ

夜明けのころ、池に映る金星とさそり座。2014年3月4日、宮城県山元町で（撮影・十河弘）

んぐん昇るこの時期が最も見応えがあるように思う。

北斗七星といえば「柄杓《ひしゃく》」。しかし柄杓を知らない子どもたちに聞いてみると、いろいろな答えが返ってくる。フライパン、大きなスプーン、旗、歯ブラシ、数字の「2」、滑り台など。

韓国では、水を入れる升の部分がゆがんだ家で、それに続く三つの星は、家を建てた大工、斧を持って大工を追いかける息子、息子を追いかける父だという。

つまり、曲がった家に腹を立てた息子が斧を振りかざし、大工を追いかけるのを父親が止めようと、また追いかけているというわけだ。確かに北の空をぐるぐる回っているように見える北斗七星は、追いかけっこしている人たちのようだ。

北斗七星は「おおぐま座」の一部だ。柄杓の柄は熊のしっぽで、升の辺りが背中になる。

暗い場所で星をたどってみると、三角の熊の顔や熊の爪にあたる星たちを確認できて、大きい熊がいるような気がしてくる。大熊がいれば小熊もいる。

「こぐま座」は北極星から伸びる小さな柄杓の星並びで、こちらも七つの星で描かれている。大小二つの柄杓が北の空で向かい合い、長いしっぽを持つ親子の熊の星座となっている。誰かが、意図的に星を並べたのかと思いたくなるほどの出来映えだ。

東日本大震災の日

「最近地震が多いね」。来るぞ来るぞと言われ続けている宮城県沖地震を常に頭に置いて過ごす中、二日前の三月九日に起きた地震のこともあり、朝の打ち合わせでは地震が多いので注意するようにとの声掛けもされていた。

二〇一一年三月十一日は平日だったが、小学校や中学校の天文台学習の時期は終わっていたので、子どもたちの姿もなく天文台は静かな時間が流れていた。午後二時半からの一般向けのプラネタリウム「星空の時間」には四十三人のお客さんが入り、いつものように投映が開始された。展示室には、プラネタリウムが怖くて入れなかった小さい女の子とお母さんがいた。

午後二時四十六分、グラッという大きい揺れを感じた。「地震だ！」。瞬間的に体が動いて、スタッフは皆担当の場所へと走った。天文台の入り口から続く広いオープンスペースは、幸いスタッフ以外に人はいなかったが、天井のライトが外れてブランブランと激しく揺れていた。展示室は一斉に展示品が揺れ、ガシャガシャと大きい音が鳴り響いた。

プラネタリウムでは、ちょうど日の入りを終えて星が出た頃を投映していた。解説者はすぐに館内を明るくし、ハンドマイクでお客さんにその場に座っているよう伝えていた。「ひとみ望遠鏡」は見たところ、異常はなさそうとのことだった。スタッフルームではすぐにテレビをつけ、警備員室では地震の情報収集や館内館外の点検がなされた。

ほどなく館内は停電となり、展示室もプラネタリウムも照明が消えて真っ暗になると同時に非常灯が点灯した。避難訓練とは違うまさに今起こっている目の前の出来事に、ともかくできる限りの対応をすることに誰もが必死だった。展示室とプラネタリウムのお客さんとともに、皆無事に外へと避難することができてようやくほっとした。

屋外はとても寒かった。知りうる限りの地震の情報を伝えお客さんの車を見送ると、バスで来た人と新たにバスで天文台に到着した五人のお客さんが天文台に残された。なかには沖縄から旅行で来たという方も。暖房も止まり寒い部屋ではあるが外よりはましと中に

惑星模型が並ぶ展示室。激しい揺れで模型を支えるワイヤが緩んだりした（2011年6月22日付河北新報より）

入っていただく。外では雪が降り始めた。ＪＲ仙台駅行きのバスが予定通り出るらしいことを伝えると、バスで帰るという。何もできないが「せめてバス停まで送ります」と、若いスタッフ二人がコートも着ずに雪の中バス停まで見送った。無事に駅に着くことができたか、ずっと心配だった。

　自家発電のお陰で、スタッフルームではテレビを見ることができた。津波警報が続々と出されている。五《メートル》、六《メートル》、八《メートル》、十《メートル》。これまで見たこともない数字に、どう考えたらいいのか分からない。そして、突然画面に映し出されたのは、仙台空港にじわじわと押し寄せてくる津波の映像だった。皆息をのみ言葉を発する者はいなかった。その映像は現実なのか、車でたった一時間ほどの同じ県内で本当に今起こっていることなのか、頭が混乱して理解できない。重苦しい空気が流れる中、何もできずぼうぜんとするしかなかった。

　電話もメールもつながらない。外は雪。日が暮れて辺りは徐々に暗くなってきた。これからどうなるのだろう、と先の見えない不安が募る。宮城県沖地震に備えていたはずだから、みんなきっと大丈夫と信じたい。とにかく家に帰ろうと電気の消えた暗やみに向かう者、天文台に泊まる者、それぞれが粛々《しゅくしゅく》と行動し、その日は過ぎていった。

その時はまさか、次に全員がそろうのに三週間以上もかかることになろうとは、思ってもみなかった。

いつ雪がやんだのか、夜になると月齢六の三日月から半月に向かう月が西空に傾き、まばゆいばかりに輝いていた。そんな明るい月があるのに、空には星がキラキラと瞬いていた。

星空とともに

震災の年の秋の終わり頃、スタッフの大江宏典さんが「来年の三月十一日、どうしましょう」とポツリと言った。「うーん」と答える。

この短い会話には出てこないが、さまざまな思いが一気に私たちの頭の中で渦巻いた。一年後の三月十一日を迎えるにあたり、私たちは何をすべきかを真剣に考え始めた。天文台にご招待する、避難所に出掛けて星を見てもらう―なかなかぴんとこない。もう一度、最初からゆっくりと静かに考えてみた。そして、たどり着いたものは「震災の日の星空」だった。

あの日、月の輝きとともにこれでもかというほどに瞬く星の光に圧倒された。驚きと同時に、こんな時に星なんか見てはいけないんだと下を向いてしまった自分がいた。

天文台が再開してからも、あの日の星空を口にしてはいけないと思っていた。しかし、お客さんが増えてくるにつれて、逆にあの日の星空について聞かれる回数が多くなってくるのだった。「震災の頃は毎日星がきれいでしたねえ」とか「どうしてあんなに星がきれいに見えたんでしょうか」という声だった。

津波で流された家の中から九日ぶりにおばあさんと一緒に助け出された十六歳の少年が、恩師の問い掛けに「星がきれいだった」と答えたという。生死を分けるような状況下で、なぜそう感じることができたのか、と衝撃を受けた出来事だった。

新聞の記事にも、星を見た人たちの思いがたくさん出ていた。初めて行われた東北六魂祭の開会式で、小学生の少女がメッセージの中で「星の光が勇気をくれた」と読み上げている力強い言葉を聞いたことも思い出した。

私たちは毎日、望遠鏡で、プラネタリウムで、星を見せたり星の解説をしたりしている。だが、そういう次元のことではなくて、星には何か見えない力があるのではないかと思った。そんな星の持つ力のようなものを、私自身これまで感じたことがあっただろうか―。星は、何も語らずただ静かに輝いている。その星を見上げ、人はそれぞれの思いを抱く。そこには解説など必要のない、星とその人だけの世界が広がっているのだということに気づかせてもらった。震災の日の星空にはそんな大きな意味があったことを知ったのだった。

それから星にまつわる思いを集めていった。特に「河北新報社」には震災一年後に向けて多忙を極める中、読者の皆さんのメッセージの提供にご協力をいただいた。大江さんは、そんなたくさんの思いを一つの番組として丁寧に制作をしていった。同じ被災者である私たちスタッフがナレーションを読むことに意味がある、と大江さんは考えた。私たちは語り部となり、たどたどしくとも皆心を込めて読んだ。こうして、震災の日の星空と、空を見上げた人たちの思いをつづるプラネタリウム番組「星空とともに」ができた。

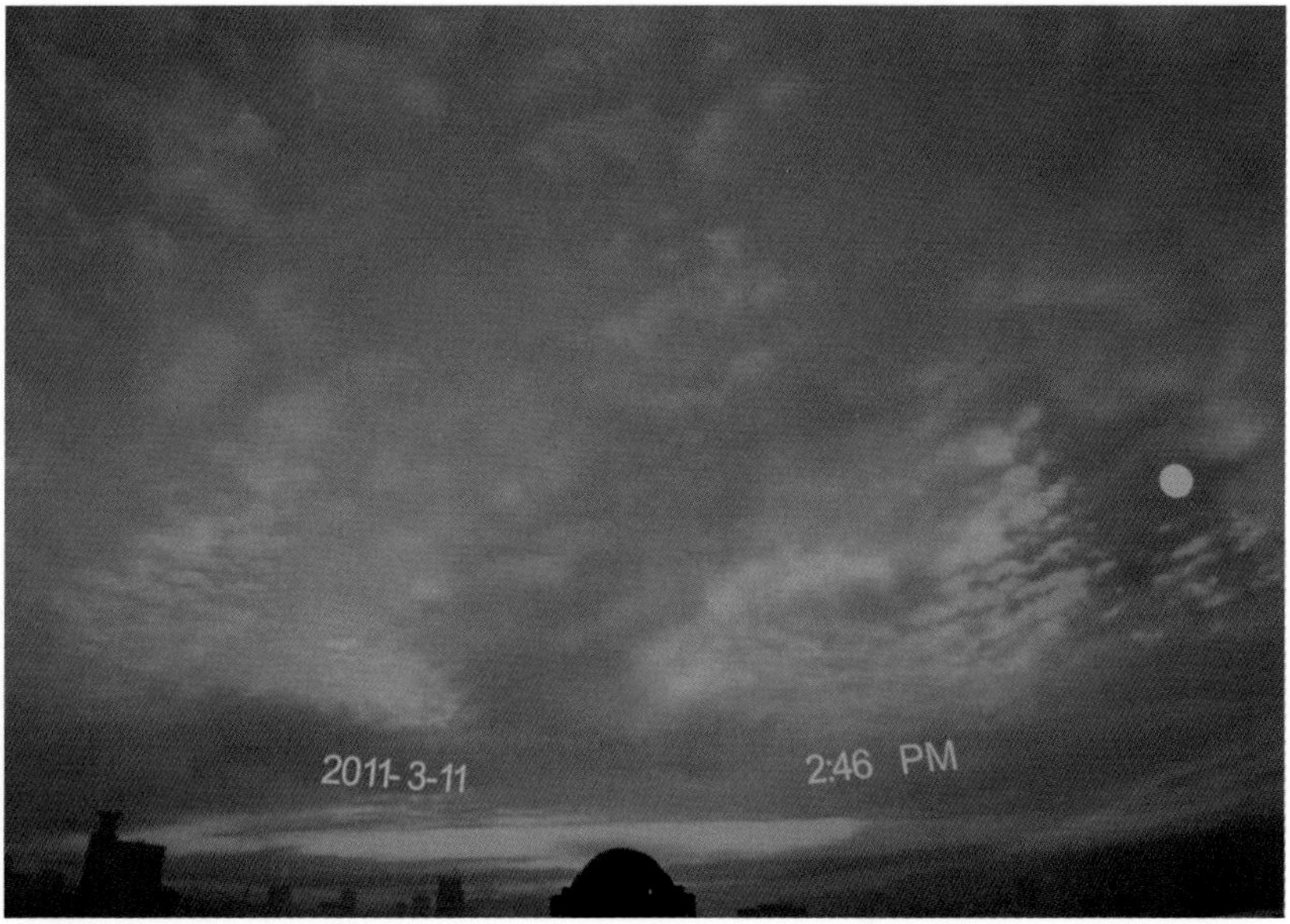

2011年3月11日の夜空を映す「星空とともに」

私たちの目で一度に見ることのできる六等星までの星およそ三千個。満天の星を眺めた時、なんてたくさん星があるのだろうと思う。しかし、その六倍を超える人たちの命がこの震災で奪われてしまった。その日の星空を眺めることは悲しくつらいことではあるが、決して忘れてはいけない震災に心を寄せる時間になることを信じている。

※「星空とともに」は、二〇一二年から毎年三月に仙台市天文台で投映しています。また、二〇一四年には全国十カ所で開催、二〇一五年は全国十四カ所で投映の予定です。

特等席はどこ？

プラネタリウムの入場タイムは、期待にあふれたお客さんの笑顔をいっぱい見られる楽しいひと時である。

「ひろーい」「やばくね？」「なつかしー」など、一言集を作れそうなほどのいろいろな反応がまた面白い。一歩入った瞬間に「かえる〜！」と逃げていく子にはぬいぐるみ作戦だ。「一緒に見ようね。楽しいよ」。成功率は五〇％くらいか。

そんなこんなのプラネタリウム入場の時、聞かれることのダントツ一位は「一番いい席はどこですか」である。「一番」とつくところがミソ。たとえ、ほとんど満席であっても「一番いい席はどこですか」と聞かれる。

「私が解説をしているコンソールが一番いいですよ」と言ってコンソールに招待するわけにもいかない。いったい「一番」はどこなのか。模範回答はいかに？

「プラネタリウムは前ではなくて上を見ていただくので、どこの席でも大丈夫です。後ろの方のイスは少ししか倒れませんが、前にいくほどリクライニングの角度が深くなり、どのイスに座っても正面の同じ場所が見やすいように作られています。お好みに合わせて全体を見渡したいときは後ろの方を、イスを大きく倒してゆったり見たい時は前の方にお座りください。強いて挙げれば、部屋の真ん中に置いてある丸いプラネタリウムの機械の真上が天頂になっているので、プラネタリウムの機械の場所が最も見やすい場所と言えるでしょう。ただし、そこにはイスがありませんので、中央付近をお選びいただくのがいいかもしれません」

入場でごった返す中で、こんなに長々と説明するのは不可能だし、端的に「あそこです！」と言ってほしいわけだからなかなか悩ましい。

星の見え方だけではなく、音の聞こえ方にも微妙な違いがある。いろいろな座席を体験しながら「自分のとっておきの座席」を選んでみるのもいいかもしれない。

どこに座っても特等席です（2008年7月2日付河北新報より）

ネオンが消えた

「ヘール・ボップ彗星《すいせい》」の名前を覚えているだろうか。一九九五年七月にアメリカのアラン・ヘールさんとトーマス・ボップさんが発見した彗星で、発見当初から大彗星になると噂されていた。

理由は、あのハレー彗星と比較した明るさから、直径はハレー彗星の四倍、約四十キロはあるだろうと考えられていたからだ。本当だったらうれしいと、大いに期待した。

明け方の空に双眼鏡でヘールボップ彗星が見え始めた一九九七年一月、仙台市環境対策課の吉本守一さんから電話がきた。環境庁が呼び掛けている「ヘールボップ彗星ライトダウンキャンペーン」への協力依頼だった。

ライトダウンを行う期間は、太陽に最も接近する四月一日から六日の午後七時から八時。窓のカーテンを引いたり、使わない明かりを消したりして、きれいな星空の中でヘールボップ彗星を見ようというものだった。

「ライトダウンの呼び掛けはこちらでやりますから、天文台でできることを（お金をかけずに）やってもらえませんか？」とのこと。そこで、天文台はいろいろなイベントを開催することにして、仙台市環境対策課とともにキャンペーンに参加することになった。

世の中がヘールボップ彗星で盛り上がっているさなか、いよいよライトダウンキャンペーンの日がやってきた。夜七時、なんと仙台

ヘールボップ彗星。1997年3月21日、宮城県山元町で（撮影・前川義信）

駅前地区百七社のネオンが一斉に消えた。駅前のペデストリアンデッキには、天文ボランティア「うちゅうせん」メンバーの望遠鏡が並び、ビルの上に輝く彗星に歓声を上げる人たちの列が続いた。

仙台市環境対策課の吉本さんの熱意が仙台駅前商店街の人たちを動かし、駅前のネオンが消えるという前代未聞の結果をもたらしたのだった。そして仙台市には、環境庁が実施した「ヘールボップ彗星ライトダウンコンテスト」の「星空にやさしい街十選」

に選ばれるという、うれしいプレゼントも待っていた。

ヘールボップ彗星は、これまで空を見上げることを忘れていた人たちに星空の美しさを思い出させてくれた。また、星を眺めるのが好きな人たちには、あらためて宇宙のすごさを目の当たりに見せてくれた。何と言っても、自分の目で見たことが人々に感動をもたらしたに違いない。

"ハレーボップ"彗星？

ヘールボップ彗星大接近に伴い、一九九七年二月初めに仙台市長がライトダウンに向けての記者発表を行った。その途端にマスコミの問い合わせが殺到し、新聞、テレビ、ラジオ出演にと天文台スタッフは大忙しの、にわかスターとなった。

彗星が肉眼でも確認できるまで明るくなり、特に夕方の空に見えるようになると、市民からの問い合わせが、がぜん多くなった。

天文台という名前なので、夜も当然開いていると思われているようで、朝から晩まで電話がひっきりなしに鳴った。ある日、電話の内容を調べてみた。日中から午後六時はほとんどがどこに見えるかという質問の電話で、それ以降は自分が見たものを天文台スタッフに確認し、安心して感動を新たにするという電話が多いことが分かった。このように時間帯ではっきり分かれるのがとても興味深かった。

彗星の名前についてはいろいろ聞かれた。ヘールポップ彗星、ポップヘール彗星、ハレーポップ彗星、ハ

レー彗星などなど。ついにはスタッフまでがプラネタリウムの中で「ハレーボップ彗星は」などと言ったりする始末。

ヘールボップ一色のある日、こんな電話が。「氷の塊が空から落っこちてきたんですが、ヘールボップ彗星と関係があるのでしょうか」

確かに彗星は汚れた雪だるまなのだが？　われわれの天文普及も広く市民に行き渡っているんだなあと思いつつ話を聞く。内容はこうである。近日点通過の日（太陽に最も近づく日）の夕方、突然大きな音とともに、ご飯釜くらいの大きさの氷の塊が倉庫の屋根を突き破り、一メートル四方の穴を開け落ちてきた。

幸いけが人は出なかったが、少し時間がずれていたら危険だった。周りから泡を立て溶け出していたので、ビニール袋に入れて冷蔵庫で保管し警察を呼んだ。警察はそれを署に持ち帰ったというもの。

後で警察に電話してみた。「その事件は…被害者は…。分析した結果その物体は地球外生命ではありませんでしたねえ」とのこと。一体何だったのだろう？

天文台 あんな日 こんな日

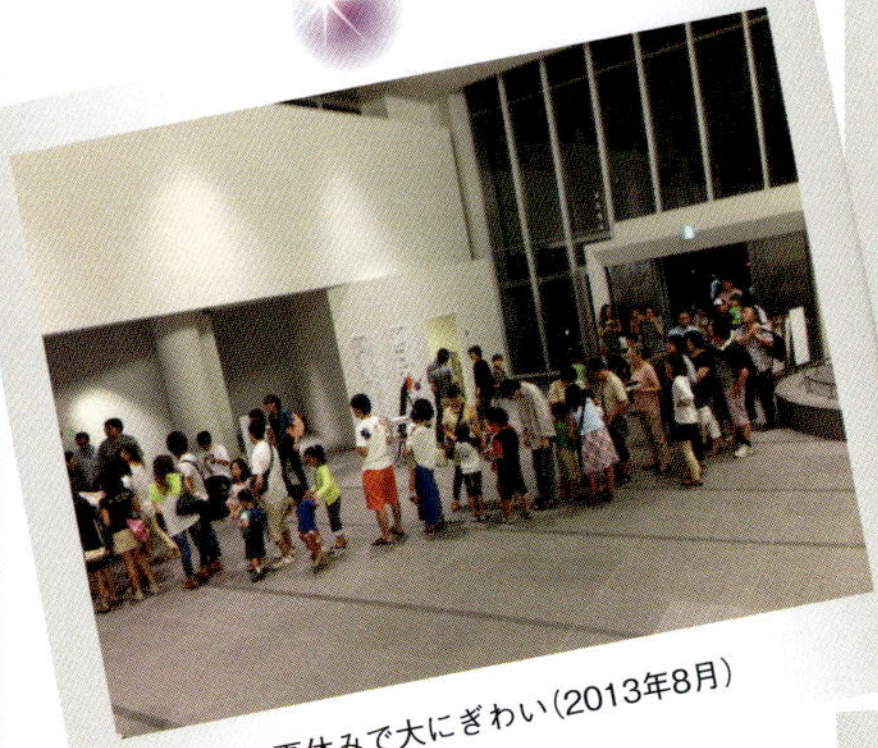

夏休みで大にぎわい(2013年8月)

まずは準備体操(2014年12月)

床にできた虹(2009年9月)

太陽黒点の観察をするスタッフサポーターの皆さん(2014年2月)

ポスターの張り替え作業(2014年12月)

天文台にお客さん？(2010年12月)

四月の星空

4月15日
午後8時半頃の星空

四月（卯月）の星めぐり

蔵王の山はまだ白い冬化粧をしているが、地上は寒くなったり暖かくなったりを繰り返しながら春が一気にやってきている。桜前線北上のニュースに胸を躍らせ、桜を話題に会話も弾むことだろう。

宮城県内の花見の名所の一つ、白石川の一目千本桜を見るのは、晴れた日の午前中がお勧めだ。東にある太陽が西の蔵王を照らして、空の青と残雪の白と桜の薄桃色とが抜群のコンビネーションを作るからだ。

やがて世の中は一斉に色とりどりの花たちのファッションショーが始まる。春を実感するのはやはり「色」の多さかもしれない。

春を代表する「おとめ座」はギリシャ神話ではデーメテールという女神だ。女神が姿を見せない季節が冬で、地平線から姿を見せると世界が春になると描かれている。空を眺めるとまさに春を呼ぶ女神が東の空に昇っている。古代の人たちが、いかに星空を身近に感じていたかを思わせる物語だ。

「おとめ座」は純白の一等星「スピカ」が目印となる。大きな星座だが、目立つ星はスピカくらい。空の暗いところならアルファベットのY字型の星並びから、その大きさを想像することができる。

その西隣で、「しし座」が南中している。勢いよく南の空まで昇りきったライオンの姿は威風堂々と春の空に君臨しているのだ。

ところで、スピカよりも、「しし座」のレグルスよりも、目立っている星がある。オレンジ色でキラキラと輝いているのは「アークトゥルス」だ。この星は、空の高い所を通って行くので、九月初め頃までずっと見ることができる。ぜひ、覚えておこう。

アークトゥルスかどうか迷った時には、北斗七星を探す。少し曲がった柄杓《ひしゃく》の柄をそのまま伸ばした先に、アークトゥルスが光っているからだ。

一目千本桜と東に昇ったお月さま（2014年4月12日、宮城県大河原町で）

ついでにもう少し伸ばして行くと、今度はスピカが輝いている。北斗七星からスピカまでの大きいカーブを「春の大曲線」と呼んでいる。

大曲線の上にあるアークトゥルスとスピカは春の空で、いつも一緒。仲良く光っているところから日本では「春の夫婦星」とも呼ばれている。春の夫婦星と、「しし座」のしっぽの星デネボラを結ぶ三角が「春の大三角」だ。一つだけ二等星だけれども、きれいな正三角形は「さんかくおむすび」のようである。

春の大三角を眺め西空を振り返ると、「冬の大三角」が低いところに見えている。これから、シリウス、ベテルギウス、プロキオンの順に沈んでいくのだ。さようなら、冬の大三角！

一月に十二支の巳《へび》として、東から頭を出していた「うみへび座」は、四カ月の時を経てうみへびの全貌が姿を現した。「うみへび座」は全天で最も大きい星座だ。頭が出てからしっぽの先まで全て昇ってくるまで、なんと六時間もかかる長い長い星座なのである。

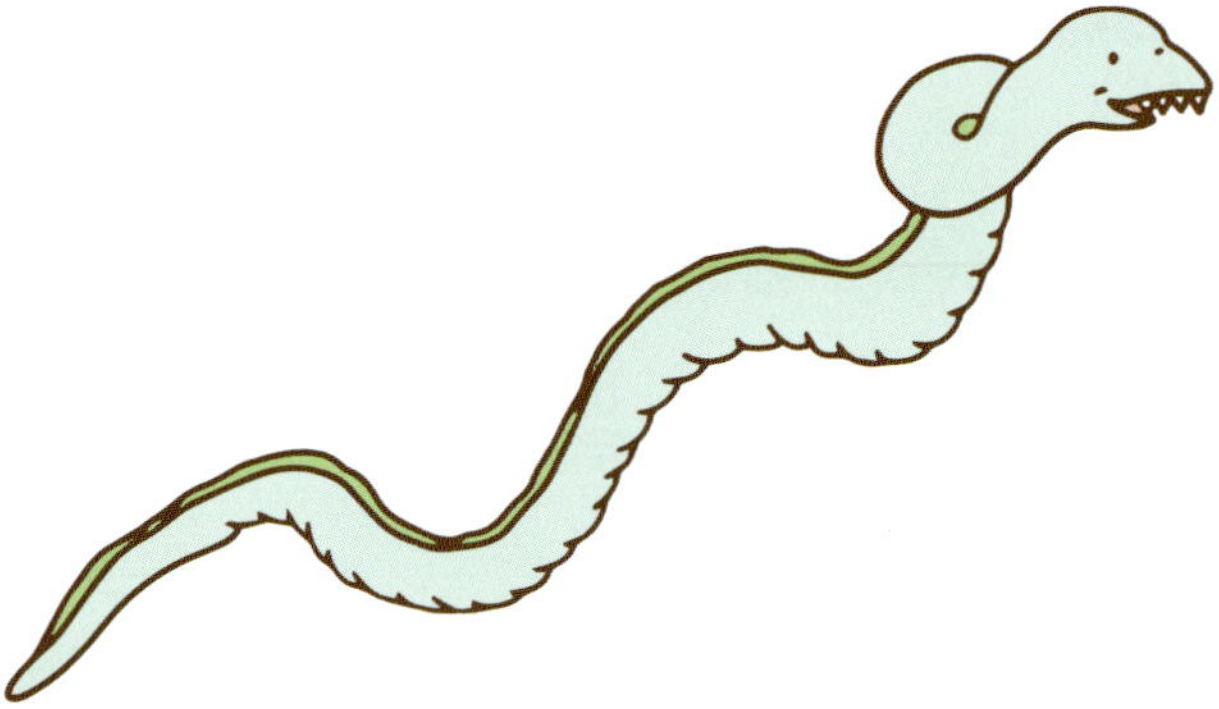

再開までの日々

震災の翌日から私たちは自宅待機となった。数日後、ようやく電気が復旧し、テレビに映った悲惨な状況を目にした時の衝撃を忘れることはできない。この町にも、その町にも行ったことがある。聞いたことがある名前ばかり。ああ、この町の小学校、中学校の子どもたちも天文台に来てくれた。修学旅行で来館した岩手や福島の子どもたち。同じ東北の皆さんが助けを求め、苦しみ泣いているのに、どうすることもできなかったもどかしさ、悔しさを忘れることはできない。

二〇一一年四月十六日、天文台は「ひとみ望遠鏡」を除き、プラネタリウムと展示室のみで再開することが決まった。仙台市内の施設としては最も早い段階の再開である。

プラネタリウムでは、「星空の時間」の投映が気になっていた。生解説の時間ゆえに、投映者の気持ちがストレートに伝わる。普通にするのがいいとは思いつつも、この事態の中で何事もなかったかのように話をすることにも抵抗があった。大切なのは、担当者自身がどのように考えて話をするのか。まだ一年目の経験の浅いスタッフもいるので、天文台としてのスタンスを決めたいと考えた。そこで、投映するにあたり不安なことや心配なことはないか、若いスタッフたちの心のうちを聞くと、いろいろな答えがかえってきた。

特に不安や心配はないが、震災についてどう話すか考えたい。投映の中で震災を連想させるような内容や言葉を使わない方がいいのかどうか悩んでいる。自分がまともに話していられるかが心配だ。震災の話はしない方がよい。プラネタリウムにいる間は、震災を忘れてもらいたい。普通にするのがいい。投映の始め方が分からない。地震の際のインフォメーションを伝えた方がよい。

たくさん話をし、考えて、皆で確認をしたのは次のことだ。

投映を始める前に、建物は地震に強い構造になっているので安心してほしいことや避難の際の協力のお願いなどを、お客さんの前で顔を見ながらきちんと話をしよう。星空を眺め、ゆったりと過ごしてもらえるよう、これまで通りに話をしよう。

プラネタリウムを操作しながら解説するスタッフ。オリジナルの台本を用意して本番に臨む（2013年6月18日付河北新報より）

再開の日の朝、新たな気持ちでいつものように楽しくお迎えしよう─とスタッフ全員で気持ちを一つにした。

震災後の最初の投映は心底緊張した。この三週間ほどプラネタリウムの投映をどうするかと考えない日はなかった。お客さんが来てくれることが、こんなにもうれしいものだったのかと思った。

大きな悲しみの渦巻く東北で、再開の意味を考えることすらためらうこともあった。でも、天文台に来てプラネタリウムを見ることが日常とするならば、この日常に戻ったという安堵《あんど》感は大きいはずだ。それと同時に、星空の中でこの時だけは非日常の心地よさに浸ってもらい、希望や元気を少しでも持ち帰ってもらえたらと思った。

そのためにも私たちは、いつでも皆さんをお迎えできるように、ここ、天文台でしっかりと仕事をしていくことが、自分たちにできる最善のことなのだと強く確信した時でもあった。

プラネタリウムと展示室の再開後、秋にはひとみ望遠鏡も修理を終えて再び観望会ができるようになった。少しずつ元に戻っていく喜びを感じる日々だった。

彗星《すいせい》のごとく

音楽の世界、スポーツの世界などで突然スターが現れた時、「彗星のごとく」などと言ったりする。そんなふうに例えられる星、彗星とはどんな星だろう。

太陽からずっと離れたうんと寒いところに、彗星の故郷があると想像してみよう。そこは、オランダの天文学者ヤン・オールトさんが一九五〇年に提唱した場所で、「オールトの雲」と呼ばれている。

何らかのきっかけで一つの彗星がオールトの雲を抜け出して、はるかかなたの太陽を目指す旅に出る。彗星は、汚れた雪だるまのようにチリやガスまでもが凍りついている。仲間と別れ一人旅を続ける孤独な彗星も、太陽系外縁天体に出会ったり、惑星に出会ったりしてうれしく思うかもしれない。

大きい彗星であれば、火星くらいまでやって来ると、地球の人が望遠鏡で発見してくれるだろう。こうして「新しい彗星がやってくるぞ。いつ見えるかな。どんな姿を見せてくれるかな」と地球人たちは大いに期待する、というわけだ。

なぜそんなにも期待するのかは、やはりその姿である。汚れた雪だるまだった彗星は、太陽に近づくにつれて華やかに変身していく。太陽の熱で表面がだんだん溶けて、ガスとチリの尾ができる。ほうき星と呼ばれるのは、その姿がほうきに似ているからだ。

よく、尾を後ろにたなびかせて飛んでいると思われるが、飛ぶ向きとは関係なく、太陽からやってくる強烈な風に流されるので、尾は太陽とは反対側に伸びる。ガスの尾はまっすぐ伸びているが、チリの尾は重さがある分彗星の動きに追いつけず、ちょっと曲がっているのが特徴だ。太陽に一番近づいた時、尾は最も長くなり、太陽の周りを回転しながらくるりと向きを変え、また遠くへと去っていく。

なかなか会うことができない太陽系の家族ではあるが、すてきな「彗星のごとき」登場を期待しよう。

記憶に残る「彗星のごとく現れた彗星」は「百武彗星」だ。一九九六年一月、鹿児島県の百武裕司さんが発見し、およそ二カ月後に大彗星へと変貌をとげた。

三月末の夕方、「どーれ、百武彗星でも見てみようか」ぐらいの気持ちで空を見上げた瞬間、度肝を抜かれた。「な、なんだあれは！」。北の空にとんでもなく長い尾をたなびかせた百武彗星が、じっと星空に浮かんで見えていたのだ。肉眼で見えたのはほんの数日間、まさに彗星のごとく現れ、彗星のごとく去って行ったのだった。

長い尾をたなびかせる百武彗星。頭を北極星の方に向け、北斗七星を突き抜けて尾が伸びている。
1996年3月26日、仙台市泉区根白石で（撮影・前川義信）

星座絵が見える

「スタッフのみなさんは、星空を見ると星座の絵が見えてくるんですか?」。ある時こんなことを聞かれた。

プラネタリウムは、ボタンをポチッと押せば星空の中に星座線も星座絵も現れる。私たちはいつもこの便利な機能を使い、満天の星の中でも自由自在に星座を描いてみせているのだ。しかし、本当の空で自分は星座絵を見ているのだろうか。ちょっとドギマギしながら答えた。

「そうですねえ。星を結んだりはしますが、絵までは見えないですねえ」

がーん、言ってしまったという気持ち。これまで、星座絵が出て当たり前のように伝えていなかったか、そんなことを振り返る機会をもらった瞬間だった。

星座は今から数千年も前、古代メソポタミアの羊飼いが羊の番をしながら夜空を見上げ、星を結んで絵を描いたのが始まりと考えられている。

星並びの美しさや想像力豊かな絵の数々は、何度見ても素晴らしい。星座は地中海を越えてギリシャに伝

プラネタリウムに映る星座絵

えられ、ギリシャ神話として花開く。学校の歴史の時間にメソポタミア文明とかギリシャ文化などを習ったが、まさに星座や神話を通してそれらの歴史がとても身近なものとなった。私たち地球人にとってのすてきな文化遺産である星座をどう伝えていこうか。

「星空を見ると星座の絵が見えてくるんですか？」。この質問がきっかけとなり、それ以来星空を見上げる度に、最初に気づくこと、最初に感じることを大切にするようになった。

気になる星はどれか、星を結んでみたくなるのか、自分ならどんなふうに結ぶのか―こんなことを考えながら、古代の人々にも思いをはせる。今度は、羊飼いの気持ちになって絵も描いてみることにしよう。

お月さんが好き

西空の夕焼けの中に細いお月さんを見つけるとうれしくなる。夜空にひときわ明るく輝くお月さんを見ると安心する。地球の衛星である月、四十六億年前に誕生して以来、ずっと地球を見つめてきたお月さん。

初めてお月さんを意識して眺めたのはいつだろう。幼い子が不思議そうに月を眺めるのをこれまで何度も見たことがある。お月さんが優しく、じーっと見つめてくれているのがきっと分かるのだろう。お月さんにさよならして走っても、名残惜しいのか、どこまでも追いかけてくる。走るのをやめるとお月さんも止まる。不思議だね。

お月さんは変身もする。どの姿が好き？　満月を過ぎると月の出がどんどん遅くなるので、昔の日本の人は面白いニックネームをつけた。日が沈んで立って待っていると昇る「立ち待ちの月」、座って待つ「居待ちの月」、アー月が昇って来ないから寝ちゃおう「寝待ちの月」。ほかにもいろいろ。いとをかし。

地球とともに歩んできたお月さん。こずえの上に土星。2014年9月28日、仙台市若林区上飯田で（撮影・十河弘）

一九六八年、アポロ八号が地球から月へ向かい人類史上初めて月の裏側を回って地球に帰還した時は大きなニュースとなった。しかし、子どもの私はなぜそんなに大騒ぎをしているのかちっとも理解できない。月の上に立つ子どもとウサギを絵本で見ていたからだ。やがてその謎も解け、アポロ十一号が本当に月面に人間を送った時、絵本が教えてくれた月への夢は全く壊れることもなく、あまりの感動で一気にお月さんを通り越し、宇宙へと心は羽ばたいた。

上弦の月（半月）は、日の入りの頃に南の空に見えている。自分が地球になったつもりで月を眺めてみよう。自分と上弦の月を結ぶ線は、地球の公転軌道を描く。月と地球の距離は約三十八万キロ。地球の公転スピードは時速約十万キロなので、上弦の月は、約四時間前に地球がいた場所なのだ。逆に下弦の月は、これから地球が向かう場所。地球の軌道なんて見ることができないが、上弦の月と下弦の月がこっそり教えてくれている。

月齢28の月と樹木。2014年9月23日、宮城県山元町で（撮影・十河弘）

仙台天文同好会

天文台の土曜日の夜は、天体観望会やイベント、土佐誠台長が宇宙を語るトワイライトサロンなどが開催され、夜の九時半までにぎわいを見せる。

そんな中、天文台の玄関脇に望遠鏡を並べ、星を見せている人たちに出会ったことはないだろうか。彼らは仙台天文同好会の面々だ。不定期ではあるが、晴れた日には天文台のにぎわいにひっそりと花を添えてくれるのだ。

かく言う私も会員の一人なのだが、今はほとんど活動に参加できず、ちょっかいを出すくらいしかやっていない。

土曜の夜、ちょっと外に出てみると、三台ほどの望遠鏡が並んでいるようだ。こっそり行ってお客さんのふりをして覗《のぞ》かせてもらう。彼らは大声でアピールすることもせず、淡々と星を見せ続けるが、星と望遠鏡への愛情があふれ出ていて、お客さんが喜んでくれただけで大満足している。

仙台天文同好会が発足したのは、仙台市天文台の開設より五年早い一九五〇(昭和二十五)年の秋だった。天文台ができてからは、土曜日の夜ともなると小学生から大人まであらゆる年齢の同好会員が集まって来て、それはにぎやかだったそうだ。

宇宙や天文の話に花が咲き、大学生たちの話についていけない子どもたちは、小さいなりにワクワクしながら話の輪に参加していたという。今や、大学教授や研究者になった人たちも大勢いて、同好会の輪は世界中に広がっている。

現在、仙台で活動を続ける同好会の人たちは、子どもの頃から天文台に足しげく通った経験を持つ年季の入ったおじさん、おばさんが多い。その分、経験は豊かでどんな質問にも即答してくれる。

もっとも、「私は彗星屋《すいせい》」「僕は流星屋」などと言って自分を表現するように、確固とした専門分野を持つ人が多く、説明は多少マニアックに走る傾向も。控えめで決して自分から「同好会に入りませんか」なんて勧誘をしたりしない。

土曜日の夜に望遠鏡を出している人たちを見かけた

開館間もない天文台前で観測活動する仙台天文同好会（1957年ごろ撮影）

ら、一緒に星見を楽しんでください。

西公園の四季

旧天文台があったころの西公園（仙台市青葉区）。2004年～2006年に撮影した四季の風景です。

五月の星空

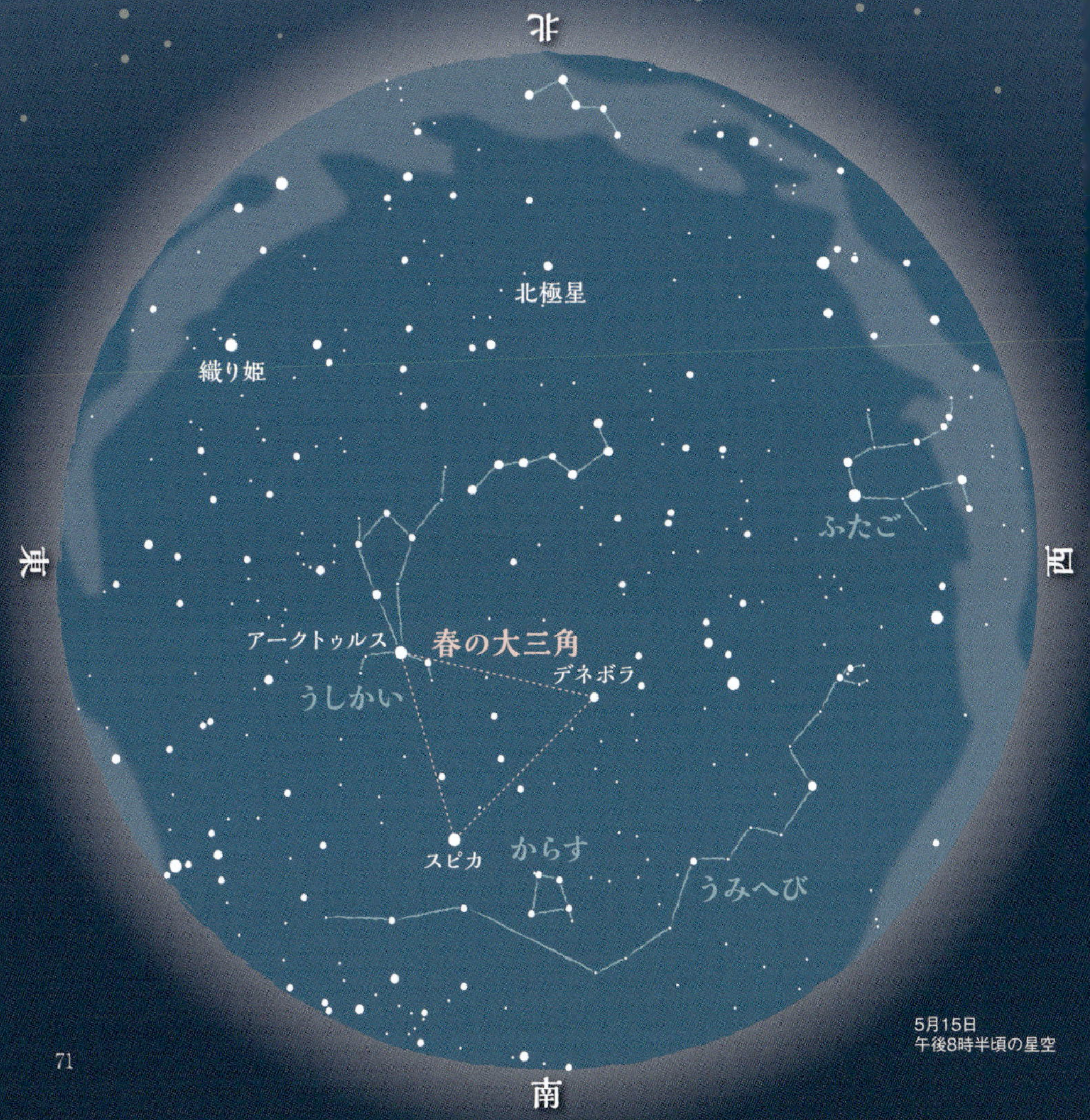

5月15日
午後8時半頃の星空

五月（皐月）の星めぐり

すがすがしい青空に向かい空気をいっぱい吸い込みながら、日の光に輝く淡い新緑を見つけて胸が躍るような一日。このような日はしみじみと地球に生まれたことを幸せに感じる。

虫や動物や植物など、この世に命を持つものたちもきっと同じ思いで、いい気分に浸っているに違いない。普段日の入りの時刻を気にしていない人も、「おや、この時刻にまだこんなに明るいぞ」と日が長くなってきていることを感じるはずだ。仙台では、五月中旬には午後六時四十分ごろに日の入りとなる。

西の空に冬の星座の最後を飾って、「ふたご座」の二つの星が並んでいるのを見ると、いよいよ冬の星座ともお別れだなあと思う。北の空では北斗七星が真北の空高くまで昇っている。升を下に向けた格好だから、水がじゃあじゃあとこぼれ落ちているかのようだ。

南の空は春らんまん。逆三角形をした「春の大三角」が南中している。先月の星空でも紹介した「春の夫婦星」は、ご主人がほろ酔いかげんで赤ら顔のアークトゥルス、純白の輝きが真珠星とも呼ばれるスピカが奥さまだ。アークトゥルスがあるのは力強いスタイルの「うしかい座」で、スピカは「おとめ座」の星なので、星座の世界でも夫婦のようだ。ただ、ギリシャ神話で特に接点は見つからない。

全天一の大きさを誇る「うみへび座」は今月もその巨体を地平線の上にうねらせ見えている。西にある頭の部分は冬の星座をにらみつけ、東のしっぽの先はもう夏の星座。東西に一〇〇度以上にも及ぶ。そのうみへびの背中の上に、小さなカラスがクチバシでへびの背中をつつきながらちょこんと乗っている。

いきなりカラスを探すのは難しいので、北斗七星から春の夫婦星をたどりながら描く春の大曲線を使って探してみよう。春の大曲線をスピカでストップせずにそのままもう少し伸ばしたところに、いびつな四角形の星並びを見つけたら、それが「からす座」だ。

四角を描く四つの星たちはみな三等星だが、小さくまとまっているため意外に目立っている。これらの星

田植え後の水田と天の川。2014年5月7日、宮城県丸森町で（撮影・十河弘）

はカラスの体を作る星ではなく、カラスが夜空に貼り付けられているピンの星なのだ。
かわいそう！と思ってしまうが、このカラスは神様のお使いの鳥で銀色の羽をもち、言葉も話せたのに、嘘《うそ》ばかりついていたために言葉はガーガー、色も黒くされ、ついには空に貼り付けられたのだそうだ。よっぽど神様が頭にくることをいっぱいしてしまったのだろう。ピンの星の間にはそんなカラスの姿がある。

春の星たちを眺めながらちょっと東に目をやると、明るい星がキラキラ輝きアピールしている。また新しい季節の星が昇ったようだ。この星はアークトゥルスに負けないくらいの明るさなので、これからの季節はこの二つの星に注目がいきそうだ。東に昇った星は七夕の織り姫星。おっと、夫婦星のお相手のスピカには気になる星の登場かもしれない。

せいこちゃんとハレーすいせい

一九八五年、プラネタリウム館では「せいこちゃーん!」「せいこちゃーん、がんばってねー!」というコンサート会場も真っ青のせいこちゃんコールが毎日のようにこだましていた。

その真相は、幼稚園保育所向けのプラネタリウム「せいこちゃんとハレーすいせい」を見ている幼児たちの叫び声で、せいこちゃんをこよなく愛し応援している姿だったのである。この年は世紀のハレー彗星《すいせい》が七十六年ぶりに帰ってくる年だった。

幼児投映のテーマをハレー彗星に決めたのは、おじいちゃんおばあちゃんになった時にもう一度見られる可能性のある幼児たちにこそハレー彗星を覚えてもらい見てほしい、という熱い思いがあったからだ。

三人の女性スタッフによる制作会議は熱気にあふれた。高橋幸子さんが「よし!」と気合いを入れ台本を書き、庄司豊子さんと私で演出やプログラムを担当した。

イラストは、現在プロの漫画家として活躍中のかどたひろしさん(仙台在住)が描いてくれた。ハレーさんの声は当時仙台天文同好会の大学生だった黒須潔さんで、せいこちゃんの声は私の友人の小杉聖子さん。手づくり感満載の番組である。ちなみに、キャラクターせいこちゃんは小杉さんの名前で決めた。

せいこちゃんはハレーさんと友達になり、彗星のことをたくさん教えてもらう。やがてハレーさんは太陽に近づきながら長い尾をたなびかせ美しい姿に変身していく。そして「またくるよー。それまでぼくのことわすれないでねー」と去って行く。あまりに可愛《かわい》いせいこちゃんに夢中だった幼児の心にも、ハレーさんのことは強く印象に残ったはずだ。「みんなはどんなお星さまを知ってる?」という質問には「ハレーすいせい!」が一番多かった。

二〇六一年にハレー彗星との再会を果たした時には、頭の片隅にプラネタリウムでの出来事を思い出してもらえることを願っている。

（イラスト・かどたひろし）

ゴール！
B
スタート

お墓に望遠鏡が並んだ

七十六年ぶりに帰って来たハレー彗星《すいせい》の人気の高さには驚くばかり。天文台では仙台で条件よく見ることのできる一九八六年三月二十一日に観望会を開くことにした。場所は仙台市葛岡墓園だ。午前三時の寒空のなか、五百人を超える参加者が墓園に集合。この日のハレー彗星は尾が少し伸びて、肉眼でも確認できる明るさだった。

いよいよハレー彗星ともお別れとなった五月十日、同じく葛岡墓園で「さよなら！　ハレー彗星観望会」を企画した。助っ人に駆けつけた仙台天文同好会の有志とともに、十台の望遠鏡をセットし日暮れを待った。

辺りが暗くなるころ、墓園の下からチラチラと明かりが揺れるのが見えてきたと思ったら、その明かりは途切れることなくどんどん増えてきた。ハレー彗星を見るために懐中電灯の明かりを頼りに上って来る人たちだった。

あっという間に望遠鏡の周りに長蛇の列ができてしまったが、いつしかあちらこちらに望遠鏡が並び始めたではないか。それらは参加者の皆さんが持参したもので、最終的には百台もの望遠鏡が並び、参加者は延べ千五百人ほどにまで膨れ上がった。信じられない光景だった。

太陽が沈んだ後の西空に、もう小さく暗くなってしまったハレー彗星を見た。しかし徐々に雲が広がってきて、ついに見えなくなってしまった。

私は、雲に隠れようとしているハレー彗星を一人でも多くの人に見てほしいと必死だった。たぶん、最後に見た方は七十六年前に見たという女性で、「死ぬ前にもう一度見たい」とおっしゃっていた。

足下がふらつくほどのお年の方が、その思いをかなえるために一生懸命ここまで上って来られたことを思うと胸がいっぱいになった。紙一重で見えたか見えなかったか、もしかすると覗《のぞ》いてもあまりに小さくてよく分からなかったのかもしれない。

ただその方は私の手を握り、何度も「ありがとう」と頭を下げてくださったことを覚えている。晴れた空の下でゆっくりと見ていただきたかった―といつまでも悔やまれた。

ハレー彗星は、地上のそんな様子にはお構いなしに地球から遠ざかってしまった。あの日、あの時、あの場所で大勢の人たちと共に過ごした時間は、なんともいえない幸福感で包まれたハレー彗星からの贈り物だったのではないかと思う。次に帰ってくるのは、二〇六一年である。

彗星は畳三枚

七十六年ぶりにハレー彗星が帰ってくるという一九八五年のことである。天文台の初代台長の加藤愛雄《よしお》先生が一九一〇年にハレー彗星を見たという話を聞き、プラネタリウム番組の中でその時の様子を語ってもらおうとインタビューをすることになった。

当時まだ五歳だったがハレー彗星のことははっきり覚えていて、その時の印象を「夜空に畳三畳分くらいの大きく伸びる彗星の姿が見えました」とおっしゃっていた。畳三畳という例えがなんとも雄大な感じを醸し出していて、その姿を想像するだけでうっとりした。加藤先生は「ハレー彗星観測報告」(仙台市天文台発行)の中で、次のように思い出を寄せてくれている。

「当時、まだ一般には電気はなく、どこの家でもランプを使用していたし、外灯も石油ランプで夕方になるとハシゴを持った係員が灯をつけにきたものである。この明治四十三年(一九一〇年)に当時東華高等女学校の理科教員をやっていた父が夕方、薄明がすぎた西空

で、そこから見て愛宕山の右の方、かなり低い空に『あれが彗星（ほうきぼし）だよ』と教えてくれた。その印象はまことに強烈で今でも鮮明に頭の中にしみこんでいる。色は赤味がかったオレンジ色、南の方が頭で、尾が北の方へ西の空いっぱいにひろがっていた。長さは目いっぱいに見えていた。子供心にこの不思議な光景に物もいわずに見つめていたことを今でも覚えている」

加藤先生はハレー彗星が帰って来る一九八六年を心待ちにし、人生で二度、ハレー彗星を見ることができた。同じ思いで一九八六年を待っていた人は多かったに違いない。

天文台で行っている天体観望会では、お子さんに一生懸命星を見せてあげている親御さんの姿を多く目にする。加藤先生のお父さんも同じ思いでハレー彗星を見せたに違いない。写真では味わえない本物が持つ力は計り知れないほど大きい。

緊張の時間

アスリートの皆さんの演技や試合を見るのは、楽しいだけではない。勇気や感動をもらい、時に涙することすらある。テレビの画面に緊張感あふれる表情がアップで映し出されたりすると、こっちまで心臓がドキドキしてしまうものだ。本人の緊張は私などには計り知ることはできないが…。

そういう自分も、人前で話す時にはとても緊張する。以前、全国のプラネタリウム担当者が集まる会で発表することになった時、心臓が飛び出るほどの緊張を味わい逃げ出したくなったこともあった。

毎日やっているはずのプラネタリウム投映でさえ、いまだに緊張してしまう。ある時、東北放送ＯＢの超ベテランアナウンサー、吉岡徹也さんに話し方の研修をしてもらう機会があった。

研修の最後に、緊張を克服する方法はあるかと質問をした。吉岡さんは「私も今でも緊張しますよ」と言ったあと、大事なことはただ一つ「十分な準備」とおっしゃった。

何と簡潔で当たり前のことであったかと、目の前がぱっと明るくなったものだ。十分に準備をしておけば、緊張と同時に私は大丈夫という自信と安心も生まれるということを教えてもらった。生きていれば、さまざまな場面に遭遇するが、十分な準備が自分を助けてくれるはずだ。

ところで、緊張が快感に変わることを知った。プラネタリウム投映前には星がちゃんと出るかどうか、日の出・日の入りの時刻や月齢の確認、ＢＧＭの準備やパソコン類の確認のほか、自分が話すことを再確認する。

何度やっても緊張するひと時であるが、緊張している時の方が投映を終えた時、不思議なことに安堵《あんど》感や充実感が大きいのだ。だから、ある程度の緊張は人には必要なのだろう。

それと、お客さんの笑顔や「楽しかった」という言葉をもらうと、もうそれだけで数時間は幸せな気持ちでいられるものだ。「ありがとう」と言われることが多いありがたい仕事だと思っているが、こちらこそ「ありがとう」といつも思っている。

研修会の講師を務めた吉岡徹也さん

プラネタリウムと音楽

プラネタリウムの時間の中で特に気持ちがよいのは、日が暮れて星空に変わっていく時だろう。流れる音楽に身を任せ、いつしか夢心地となっていく。

「太陽が西の山に沈んでいきました。徐々に夕焼けが広がってきています。おや、西の空に三日月が見えているようです。一番星が姿を見せました。夕焼けも薄くなっていくころ、二番星も見つけました。暗くなりました。こんばんは」。このような事細かな解説も、よい音楽があれば不要だ。

千枚を超えるＣＤが並ぶ部屋で、ヘッドホンをかけ真剣な表情で音楽を聴いているスタッフの姿は、自分の投映で使う曲を選んでいる私たちの日常だ。

この曲のここの盛り上がりに合わせて太陽を昇らせるぞ—と、空の動きのボリュームを慎重に動かしバッチリ決まった時などは、ひそかに感動に浸っている。

お客さんから「あの曲は何だったんですか？」と聞かれると、やっぱりうれしい。

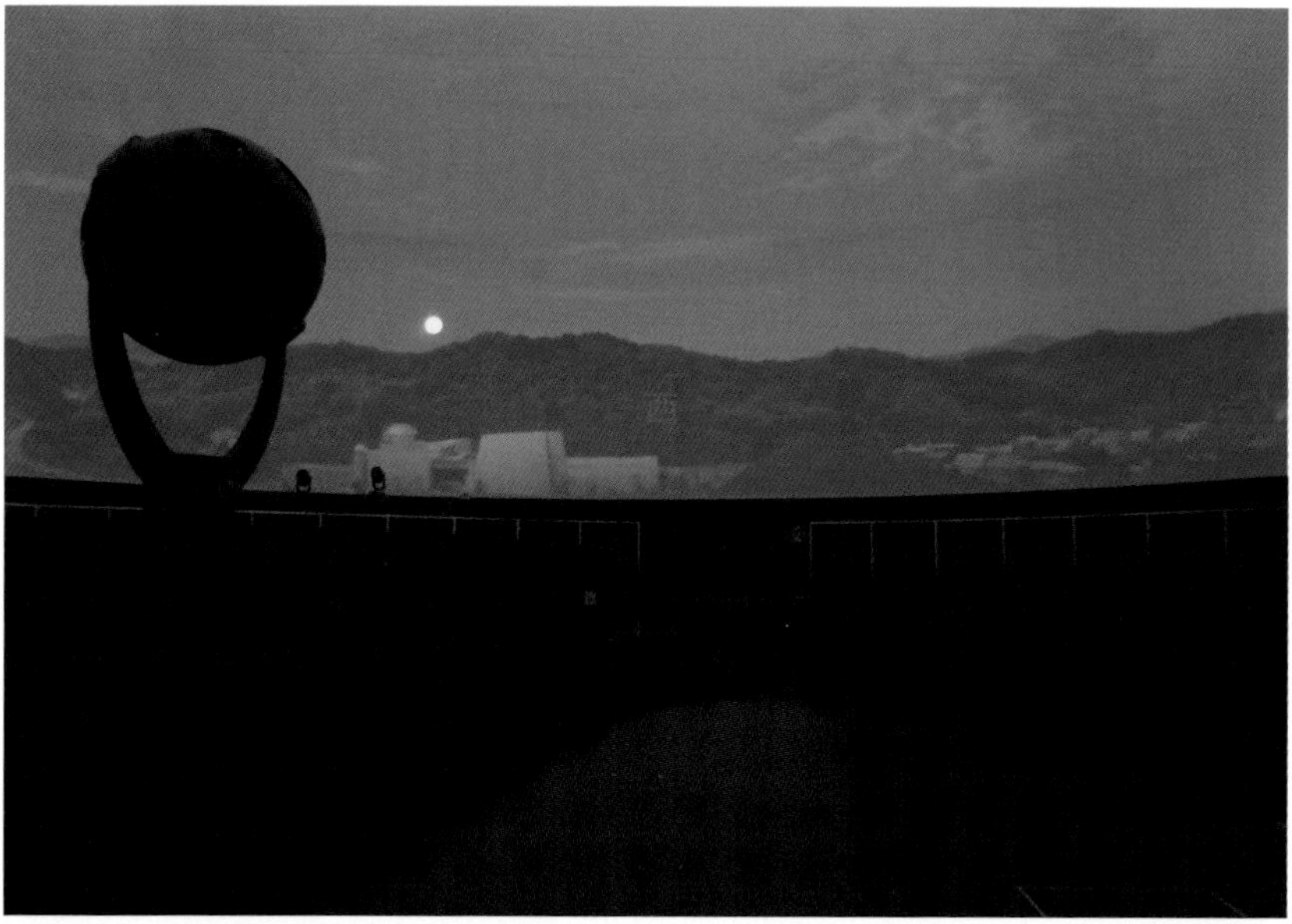

プラネタリウムに映し出された「日の入り」の風景

しかし人間のすること、時には操作を誤ってしまうこともある。いつものように、すてきな日の入りの曲を準備して「さあ、それでは皆さんとご一緒に、静かな夕暮れを迎えていきましょう」。

いくぞ、それ！ＣＤスタート。なんと、流れてきたのは子どもたちが元気に歌う『ドレミの歌』ではないか。ＣＤのかけ間違い。止められないまま歌声は流れ、泣きたい気分で星空を迎えるという残念な日の入りもあった。

旧天文台では、ＣＤが一般的になる一九八〇年代後半まではレコードを使っていた。レコードに刻まれた溝の太いところが、曲の変わり目。暗闇の中でマイクを持ったまま、かすかな明かりを頼りに目的の曲の先頭に「えいっ」と針を落としたり、レコードを裏返したりしたものだ。今思えばまさに神業のごとし。

星空と音楽が相性がいいのは、どちらも私たち人間の心を穏やかにしてくれるものだからかもしれない。これからも星空の下で聴きたい音楽を追求していこう。

六月の星空

北
夏の大三角
北極星
織り姫
東
ひこ星
ヘラクレス
かんむり
うしかい
アークトゥルス
しし
西
春の大三角
南
6月15日
午後8時半頃の星空

六月（水無月）の星めぐり

朝、窓の外から聞こえて来る鳥たちのにぎやかな声の中に、いつの間にか随分上達したホトトギスの美しい鳴き声がひと際高く響いている。天気予報の傘マークが気になるこの季節。シャワーのような優しい雨の日には、植物たちも「いい気持ち！」と喜んでいるように見える。

しとしと、ざあざあ、雨もいろいろな表情を見せるものだ。雨が続くと洗濯物が悩みの種で、太陽が恋しくなってくる。その太陽は、雲の向こうで日に日に高度を上げていき、やがて一年中で最も南中高度が高くなる夏至を迎える。

南の空高くアークトゥルスがとてもよく目立っている。ここから少し北側にある五角形の星並びを見つけたら、アークトゥルスと結んでネクタイのような形が出来上がる。

この辺りに広がる星座を「うしかい座」という。右手にこん棒を持ち左手を高々と振り上げる勇ましい姿の星座である。その振り上げた手の先には北斗七星がある。北斗七星のある星座は「おおぐま座」なので、うしかいは大熊のしっぽをつかもうとしているようだ。

アークトゥルスの意味は「熊の番人」。熊から牛を守る牛飼いは、熊の番人というわけだ。北斗七星の柄のカーブをそのまま伸ばした先には、いつもアークトゥルスが光っているのもいかにも番人らしい。

「うしかい座」の少し東に、アルファベットのCのようにくるりと半円を描いている星並びに気づくだろうか。それほど明るい星たちではないのに、見つけてしまうと気になるかわいらしい星並びだ。真ん中の明るい星の名前は「ゲンマ」で「宝石」という意味がある。そう、これは美しくきらめく宝石がはめ込まれた冠だ。クレタ島の王女アリアドネの冠が星空にあがり、「かんむり座」となった。

かんむり（Crown）の頭文字Cのさらに東隣には、ヘルクレス（Hercules）の頭文字Hの星並びが大きく広がっている。星図と星空を比べっこしながら、Hをたどってみよう。頭を下に逆さまのヘルクレスも右手

ホタルと星空。2014年6月26日、登米市東和町鱒淵で（撮影・十河弘）

にはこん棒を持つ大きな星座だ。神話の中では女神ヘラがヘルクレスを懲らしめるために与えた十二の難業を成し遂げたということで、ギリシャで一番の英雄となっている。

難業の一つが人食いライオンを退治すること。ライオンが星座になったのは、ヘルクレスに退治されたからだ。西にはその「しし座」が頭を下に地平線に隠れる準備中。あんなにも勇ましく昇ってきていた「しし座」も「ヘルクレス座」が登場したら逃げていきたいみたいだ。

そして、スピカにとって気になる東の織り姫星だったが、彦星も姿を見せたから一安心。春の大三角が南から西へと向かうこの時期、東には夏の大三角が姿を見せている。

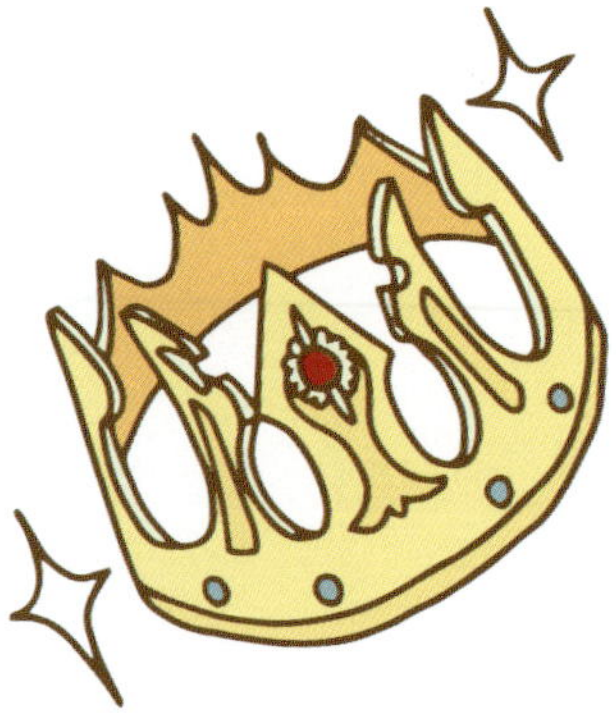

太陽はどっちに沈む？

「太陽って西に沈むのじゃないんですか？」。二〇一四年六月のある日、三十代ぐらいの男性からこんな質問を受けた。

西には沈むが、真西とは限らない。合っているようで、合っていない。

かなり気になる質問である。なぜ、そんな疑問を持ったのか。興味津々で聞いてみると、このような答えが返ってきた。

錦ケ丘（仙台市青葉区）にあるアウトレットの中庭で昼間にコンサートがあった時、日差しを避けて座ろうと思い、方位磁石で西を確認し座席を選んだ。ところが、太陽は西を通り越して北寄りに動いてきたため、光がまともに当たり、とてもまぶしかったという。なぜそうなったのか、理由を知りたくて天文台に来たとのこと。

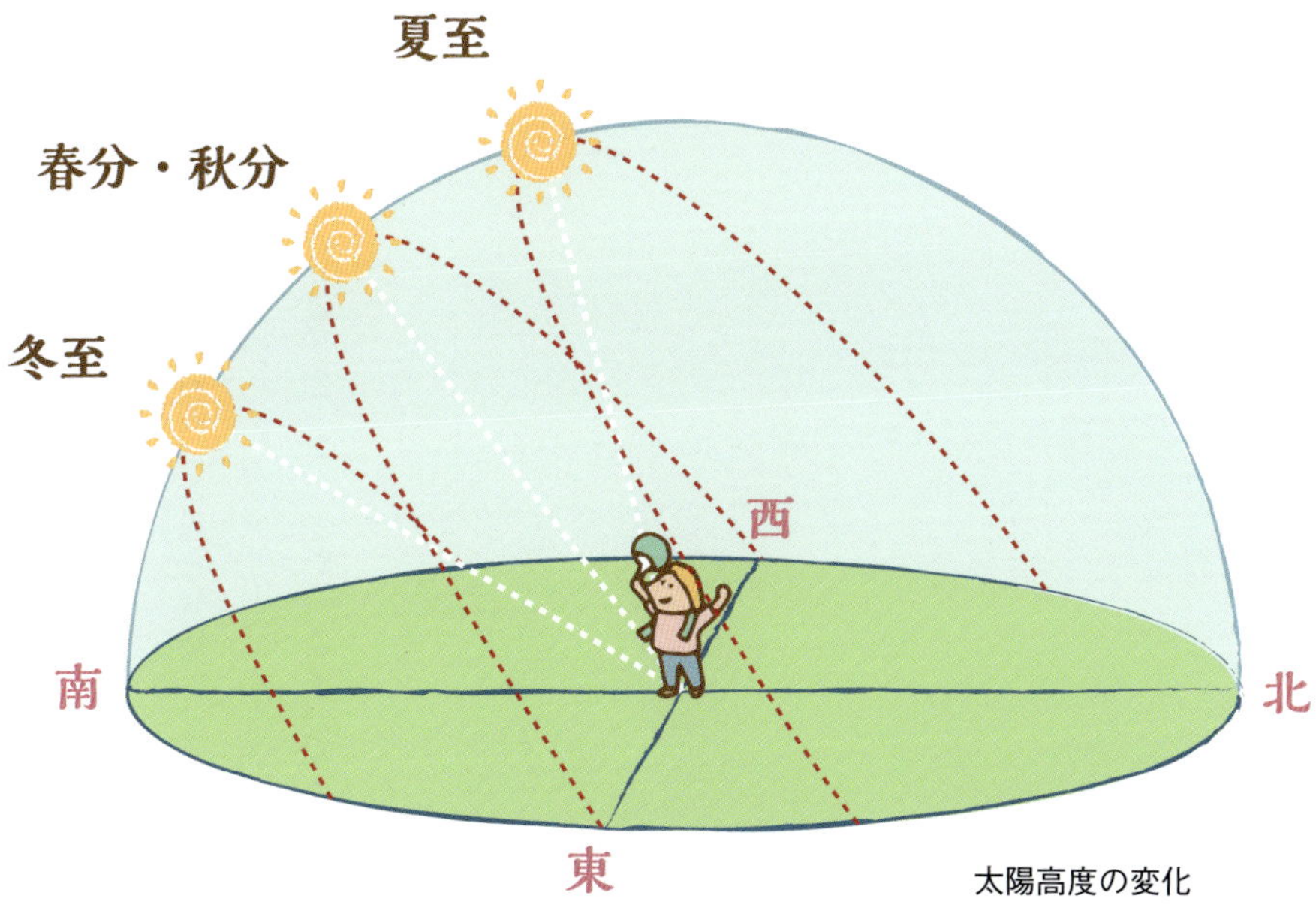

太陽高度の変化

「何と言う奥深さ。しかも方位磁石を持ち歩いているとは！」

心の中で感動しつつさらに話を聞いてみると、太陽は頭の真上を通り真西に沈むと思っていた、という。

日の出や日の入りの方向は季節によって変わっていく。

真東から昇り、真西に沈むのは、春分の日と秋分の日。夏至の日は、東から三〇度近くも北寄りから昇り、西から三〇度近くも北寄りへと沈む。冬至の日はそれぞれ三〇度近く南寄りとなるので、一年を通してみると六〇度も変化することになるのだ。

南中高度も季節によって全然違う。これは地球の自転軸が二三・四度傾いたまま太陽の周りを公転しているために起こることだ。

次の野外コンサートの時には、季節による太陽の動きを考えて座席選びをしてもらえるだろうか—などと考えながら、当たり前のように信じていることも、なぜか勘違いして覚えていることは結構ありそうだと思った。

それに気づいた時、知ろうとする行動があれば、心はずっと豊かになることだろう。

不思議だな、なぜだろう、と思う気持ちは子どもだけの特権ではない。いつになってもそんな心を持ち続けたいものだと教えてもらった一こまだった。

麦刈りを教える星

二〇一〇年六月のある日、ちょうど麦畑では収穫の真っ最中だった。ちょっと車を止めて見物してみたくなった。次々に刈り取られ、コンバインの中で回転しながら実と茎とに分けられていく動きが面白くて目が離せなくなる。畑の様相が芸術的に変化していくのも美しいものである。

一息ついたおじさんに声をかけてみた。「今ごろの季節のことなんですが、星が出たころに南に輝く明るい星があるんです。それが麦の刈り入れ時期を教えてくれる星ということで『麦星』と呼ばれているんですけど、そんな話聞いたことありますか？」

おじさんからは「聞いたことねーなー。ほいな星あんのけ？」という返事。「今夜、星が見えたら南の空を見て下さいね」と別れたが、さて見てくれたものやら？

麦の刈り入れ風景（2010年6月、宮城県大河原町で）

麦星とは、「うしかい座」のアークトゥルスのことだ。六月に入ると午後八時ごろ、南の空高いところに見えるようになる。0等の明るさでオレンジ色に輝くアークトゥルスは、かなり目立って見えるはずだ。確かに空から「麦の刈り入れ時期だよ」と教えてくれているかのようである。

アークトゥルスが南中した時の高度はおよそ七一度。立ったまま見ていると、結構首が痛くなるほど高く感じる。

この高さは、仙台の夏至のころの太陽の高さおよそ七五度とそれほど変わらない。太陽はまぶしくて見ていられないので、アークトゥルスを見上げ、夏至の太陽が空のどの辺りを通っていくかを感じてみよう。

氷の粒と太陽の光が作り出す「環天頂アーク」。逆さ虹とも呼ばれ、天頂付近に現れる珍しい現象だ（2013年6月7日、仙台市天文台で）

あなた何型？

なぜか気になる血液型占い。夜空の星たちにも聞いてみよう。「あなた何型？」

★オリオン座の三つ星のδ星さん「O型です。表面温度は五万度の超高温の青い星。若くて元気いっぱい光っています」

★おとめ座のスピカさん「B型よ。表面温度は二万度もあって青白く美しく光っているのよ」

★おおいぬ座のシリウスさん「A型だよ。表面温度は一万度、透明感にあふれる白い色だよ」

★こいぬ座のプロキオンさん「F型ですよ。表面温度七千度。薄い黄色で光ってますよ」

★太陽さん「私はG型。覚えてね。表面温度は六千度。地球から見るとまぶしくて色まで判断できないけど黄色い星よ。ながーい人生（星生）の中のながーい期間を安定したG型で過ごす星は多いのよ」

★うしかい座のアークトゥルスさん「K型です。表面温度は四千度。オレンジで輝いてます」

★オリオン座のベテルギウスさん「M型じゃ。夜空で赤く輝くのは表面温度が低く三千度くらいだからじゃ。年寄りの星じゃ」

星たちも型によって性質が違うようだ。遠くにある星のことを知るためにはスペクトルを調べる。星のスペクトルはバーコードみたいだ。商品に付いているバーコードには、値段以外に生産地や製造年月日など多くの情報が詰まっているが、星のバーコード（スペクトル）は、星の組成や表面温度などを教えてくれる。

恒星はA型やB型などのスペクトル型により分類され、温度の高い順番に配列されている。この順番はOh, Be A Fine Girl Kiss Me　と覚えるとよい。

夜空の星たちは小さな点にしか見えないが、「私はこんな星よ」と光で主張している。耳を澄ますと、赤ちゃん星がおぎゃあおぎゃあと泣き、子どもの星たちが元気に遊び、お母さん星はおしゃべりに夢中。そして、年老いた星が宇宙を語る声が聞こえてくるような気がする。

どんぶらっこ効果？

昔々あるところにおじいさんとおばあさんがいて、おじいさんは山に芝刈りに、おばあさんは川に洗濯に行った。川上から桃が流れて来たので、おばあさんはそこで桃を拾った。どんぶらこっこと波に乗り、桃がたくさん流れて来たから、さあ大変。

さてここで、波は皆同じ形で同じ間隔をしており、波の山の上に桃が一つずつ乗っているとしよう。おばあさんは、最初は桃の動きと一緒に歩いてみたが、桃はどんどん遠くに行ってなかなか拾えない。そこで川上の方、つまり桃に向かって歩いてみると次から次へと桃がやって来て、短い時間でたくさんの桃を手に入れることができた。

同じ形の波なのに、近づくと波と波の間隔は狭くなり、遠ざかると波と波の間隔が伸びることを、おばあさんは身をもって体験した。

川の波は目で見える波だが、目には見えないけれども「音」も波の形をしている。

「ピー」という音の波を出しながら、動いているもの

があるとする。それが近づくと波の間隔が狭くなり高音に聞こえ、遠ざかると波の間隔が伸びて低音に聞こえる。これは救急車のサイレンの音でよく分かる。

同じく、目には見えないけれども「光」も波の形をしている。だから、星の光を詳しく調べると、その星が地球に向かって近づいているか、それとも遠ざかっているかが分かるのだ。このような波の形の変化を「ドップラー効果」と呼んでいる。

光のドップラー効果は、スペクトルを調べることで分かってくる。近づく光のスペクトルは青い方にずれて、遠ざかる光のスペクトルは赤い方にずれる。

これはちょっと理解するのが難しそうだ。遠くにある銀河のスペクトルが全て赤い方にずれていることから、宇宙は膨張していることが分かった。百三十七億光年先のことが光の波のずれで分かってしまうなんて、桃太郎のおばあさんもびっくり仰天だろう。

「仙台」の名が付く星

「彗星《すいせい》を発見すると、発見順に三人までの名前が付きますよ」。こんな話をすると、子どもたちの顔がぱっと輝く。

日本人の名前が付いた彗星もたくさんある。一九七〇年に発見された「大道・藤川彗星」の大道卓さんは、当時東北大学理学部の学生で仙台天文同好会員でもあった。

七〇年代半ば、仙台市天文台で大道さんにお会いする機会があった。当時、台長だった小坂由須人さんが「この子が彗星を発見したんだよ」とうれしそうに紹介すると、恥ずかしそうにしながらもニコニコと気さくに話してくれた。その笑顔が今も浮かんでくる。大道さんの名前がついた彗星はその後観測されてはいないが、きっと今も太陽系を旅していることだろう。

小惑星「センダイ」が誕生したのは一九八五年で、長年の観測研究が評価されてのプレゼントだった。その後仙台市天文台スタッフの小石川正弘さんは愛子観測所で小惑星の探索を精力的に行い、八七年から八年間

「西公園」と命名された小惑星（2004年11月25日付河北新報より）

で六十五個もの小惑星を発見した。

小惑星の命名権は、通常は発見者に与えられるが、軌道要素が確定するまでお預けとなる。命名権を得た十九個の小惑星には、「愛子」をはじめとして「青葉」「太白」「宮城野」「若林」「泉」といった仙台市の区の名が付いた。ほかに「リバサイド」など姉妹都市の名前、「伊達政宗」「西公園」など仙台ゆかりの星が誕生した。

同じく仙台市天文台スタッフの黒須潔さんは、九四年と九六年に天文台の望遠鏡で発見した小惑星の命名権を得た時、名前を公募した。その結果、全国から寄せられたたくさんの名前の中から「ケヤキ」と「ハギ」が選ばれた。

目には見えないけれども、夜空のどこかにはこれら仙台にゆかりのある星たちが今も太陽系を巡り続けている。

七月の星空

7月15日
午後8時半頃の星空

七月（文月）の星めぐり

空からの恵みの雨を受け、晴れた日には太陽の恵みの光を浴びて、自然界の植物たちがぐんぐん成長しているのを感じる。あちらこちらで見かけるアジサイ（紫陽花）の色のグラデーションの美しいこと。七夕の星たちは、雲の向こうにあってなかなか姿を見せてくれないが、梅雨の晴れ間には先月よりもまた東の空にだんだん高く昇って来ている織り姫と彦星の姿を目にすることができるだろう。

「さそり座」が、南の地平線上で見ごろを迎えている。梅雨の時期なので雲のカーテンに隠れていることが多いが、南が開けた空の暗いところへ出掛けると、雄大なS字を描いて横たわるサソリの全貌を見ることができる。

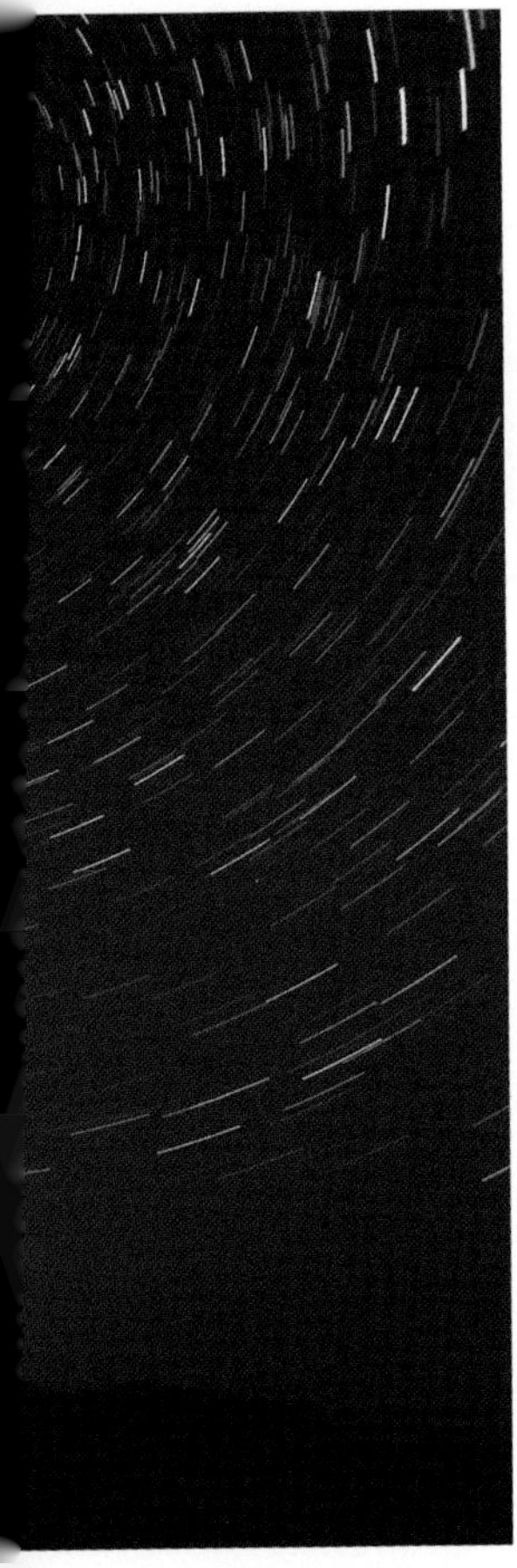

南の低いところにある星ほど、昇ってから沈むまでの時間が短い。「さそり座」のS字カーブをしっかりと見ることができるのは、五時間ほどしかない。梅雨が明けるころには、暗くなると既にさそり座が南まで昇っているので、見える時間はさらに短くなってしまう。星が見える日は、真っ先にさそり座を眺めてみよう。

さそりの心臓の星アンタレスは、赤っぽい色に輝く一等星だ。アンタレスとは「アンチ（敵、対抗する）」＋「アーレス（火星）」が短くなったと言われている。火星が「さそり座」の中にあると、赤い星が二つになってしまうのが名前の由来となっている。

「さそり座」の北側に位置する「へびつかい座」は、黄道十三星座だ、などとほんの一時期話題に上ったことがある。発信

北天の北斗七星。2014年7月3日、蔵王大黒天で（撮影・十河弘）

元は不明だが、太陽の通り道の黄道にへびつかいの右の足先がちょっと触れてはいるようだ。

「へびつかい座」の星たちを星図のイラストを頼りに一つ一つ結びながら形をたどってみると、どっしりとしたへびつかいの体が出来上がる。左右にはへびつかいが持つへびもちゃんと星座になっている。西側（左手側）の先に小さな三角を見つけたら、そこが蛇の頭だ。こんな小さな三角をも見逃さない古代の人たちの創造性には脱帽だ。

「へびつかい座」の中で一番明るい星が頭のところに輝く二等星で、名前を「ラス・アルハゲ」という。日本語で想像するとちょっとにんまりしてしまう。

ラス・アルハゲの近くに、逆さまになっているヘルクレスの頭の星「ラス・アルゲティ」がある。星の名前はアラビア語が多いのだが、「ラス」とは「頭」という意味だとすぐに気づくだろう。巨人が二人頭を寄せ合いどんな話をしているのだろうか。

そして東の空には、「夏の大三角」がぐんぐんと見やすい位置へと昇って来ている。新しい季節の象徴的な星並びの登場シーンは、何度見ても胸が騒ぐものだ。こんにちは、お帰りなさい、また来たね、という気持ちだ。

丸森の七夕さま

宮城県南部の丸森町に「七夕」という地名がある。田園が広がるのどかな場所だ。国道一一三号線沿いの七夕バス停の待合所に入ると、七夕の由来が書いてあった。この地域は昔から養蚕や機織りが盛んなところで、機織り姫（七重）を祀《まつ》ったと伝えられる七夕明神の祠《ほこら》もあるそうだ。

丸森町大内公民館からいただいた資料には、次のような伝説が書いてあった。

「昔々、七重という美しい娘が住んでいました。娘は、機織りがたいへん上手だったので、大勢の人々が機織りを習いに来ていました。この七重には密かに慕う人がいました。その相手は天王川の向かいに住む牛飼いの若者でした。二人は年に一度この川辺で会っていましたが、生涯結ばれることなくこの世を去りました。これを知った村人は七重を機織りの神として祭り、その神社を七夕神社と呼ぶようになりました」

先日テレビで、七夕の伝統を受け継ぐ丸森の女性たちを見て目がくぎづけになった。百年以上も前の機織り機械でカランパタンと丁寧に布を織る人々が映し出されていた。七夕のころは蚕が繭《まゆ》を作る時期だったそうで、機織りの神様である七重さんを祀り、いい繭ができましたよとお祝いをするのだそうだ。

機織りの糸を表す小さな吹き流しが、小さな竹にそっと飾られていた。地域の歴史や人のつながりを大事にする女性たちの優しさに思えて、私も優しさのお裾分けをいただいた気分になった。

丸森町にある七夕のバス停

伝統的七夕

七月七日になると「天文台で何かしないのですか?」などとよく聞かれる。

七月七日は七夕。天文台で七夕の話を聞いたり、七夕の星を見てみたい、と思う人は多いはずだ。この時期の天文台は、七夕をきっかけに星に親しむために訪れる幼稚園や保育所の子どもたちで大にぎわいだ。

八月の仙台七夕祭りのころには、天文台にも吹き流しや短冊のコーナーができる。へーとかほーとか思いながら、みんなが書いてくれたお願いごとを眺めるのも楽しいものだ。

もう一つの七夕が「伝統的七夕」。こちらは二〇〇一年に国立天文台が提唱したもので、旧暦の七夕の日のことをいう。

現在の暦では七月七日はまだ梅雨の真っ最中だが、旧暦の七夕のころには梅雨も明け七夕の星も高く昇っている。昔の人は、半月《はんげつ》少し前の七日月を織り姫と彦星が乗る船に見立てたという。こんなすてきな旧暦七夕の日を残していこう、灯りを消して七夕の星を見よう！　伝統的七夕の日とはそういう日なのだ。

伝統的七夕のイベント。創作和太鼓「鼓逢」の演奏（2014年8月2日）

天文台でも、旧暦の七夕の日にライトダウンの呼び掛けや星祭りなどを行っている。二〇一四年には、惑星広場で篠笛と太鼓の演奏が行われた。空には旧暦七日の月、天の川もうっすらと見えた。七夕の星が明るく輝く下では、仙台天文同好会のメンバーが望遠鏡を並べ、訪れた人たちに星を見せてくれた。

たらいに水を張り、織り姫星と彦星を水に映すと、風に水面が揺れて近づいたり離れたりするように見えるという。そんな昔の風習の検証に、宮城教育大学天文同好会が挑戦した。試行錯誤の末、大きめのたらいに黒いシートを敷いてみたら、見事に七夕の星が仲良く映って見えて大成功。水面での二人の逢瀬を楽しんだ。

このように天文台は二カ月ほどの間、七夕三昧なのである。

木星に彗星《すいせい》が衝突した日

シューメーカー・レビー第九彗星が発見されたのは一九九三年三月のことだった。

その時の姿は、木星の近くにあって細長く、なんと二十個以上の彗星が横一列に並んでいたのだ。木星に近づいた時に、木星の強い重力でバラバラになったらしかった。

しかも、翌年の九四年七月十七日から二十二日にかけて、木星に衝突するという予報まで出された。地球にいながらにして、太陽系の仲間同士の衝突を目撃することになろうとは思いもしなかった。衝突したら木星はどうなってしまうのか、かなりのダメージを受けるのか、それとも何も起こらないのか、とさまざまな憶測が飛び交った。

衝突の日、天文台に導入されたばかりの移動天文車「ベガ号」が蔵王に登った。広い駐車場はテレビ局の中継車や一般の人たちの車でいっぱいだった。組み立て式望遠鏡も数台並び、日暮れを待った。やがて木星が輝き始め、衝突の予報時刻をドキドキしながら待った。衝突は裏側で起こるという。だから瞬間を見ることは

彗星が木星と衝突する瞬間を待つ人たち（1994年7月19日、蔵王で）

できないが、木星が自転をして衝突部分が見えてくるのを待つのだ。

天文台スタッフのアナウンスの声が山に響く。「いま、一回目の衝突時刻になりました」「そろそろ見えてくるはずです」「見えないなあ」

やっぱり木星は巨大だから衝突してもへっちゃらなのかと思っていると、「見えた！」。十センチ屈折望遠鏡の中の木星に、黒い影が目に入ったのだ。一斉にどの望遠鏡でも「見えた」「見えた」で、興奮の波が大きく渦巻いていった。

それからは予報通りに、木星の表面に次々と衝突の痕跡を示す黒い影が現れていくのを見た。本当に驚きだった。地球の十一倍もの大きさの木星でも、直径一キロくらいの小さい彗星の衝突で、何も起こらないということはなかったのだ。

人類史上初めて目にする地球以外の天体への衝突の瞬間に遭遇し、不思議な感動を覚えるとともに、遠い昔に太陽系の中で繰り広げられていた、天体同士の衝突の歴史をほんの少し垣間見たような気がした。

女性パワー

プラネタリウムでは天文台と市民の皆さんとのコラボレーションの時間がある。これまで私がご一緒した女性たちは、皆前向きで個性にあふれる人たちだ。

さとうまゆみさんは、美しい日本の言葉を伝えたいと朗読や読み聞かせの活動をしている。仙台弁の味のある語りが魅力的で、二〇一〇年から延べ三十一回にわたり「仙台弁昔話と星空朗読会」をしてもらった。

さとうさんは、馬鹿馬鹿《ばかばか》しい話や糞《ふん》が登場する話が大好きで、そういう昔話を透明感あふれる美しい声の仙台弁で語るギャップがたまらなく面白い。しかし、朗読に移った瞬間、空気感が変わる。子守唄を朗読した時には、篠笛奏者さとうくみこさんの演奏も入り、プラネタリウムは揺り籠に揺られるような安心感と懐かしさに包まれた。

「千夜一夜物語～ベリーダンスと古代エジプトの星空」の主役はヴォイスアーティストの伊藤富士子さん。エジプトの音楽は星空の美しさを旋律にして生まれたそうだ。

「その音楽と五千年前のエジプトの星空の下で踊り

ます」と意気込み、企画・構成・演出・朗読と何役もこなした伊藤さん。情熱あふれる美しく艶やかなベリーダンスのショーは、私たちを異次元の世界へと誘ってくれた。「前に座るためには、並ぶのすか?」といった問い合わせも目立った。天文台に初めて来たというおじさま方が楽しそうに過ごしてくれているのを、とてもほほ笑ましく思ったものだ。

富谷隕石《いんせき》が三十年ぶりに里帰りをした二〇一四年、宮城県富谷町を拠点に音楽活動を展開する高橋泉さんが行ったのは「シンセサイザーコンサート〜隕石は宇宙のロマン」だ。

富谷隕石の話を聞いた瞬間、インスピレーションが湧いたという高橋さん。星空や宇宙を感じる曲づくりから、構成だけではなく、自ら富谷町役場やテレビの伝言板に出向き天文台の広報担当も舌を巻くほどの広報活動を行ってくれた。佐藤実治さんのヴァイオリンと共に深みのあるすてきな音色で、私たちを隕石のふるさとである宇宙への旅へ連れて行ってくれた。

このようなパワーあふれる市民の皆さんの大きな力が、天文台の支えにもなっている。

日食と動物

二〇〇九年七月二十二日、皆既日食ツアー仙台市天文台観測隊の三十六人は、中国の杭州にある浙江中医大学の中庭にいた。朝から雲が青空を隠していたが、日食の開始時刻が近づくにつれ奇跡的に雲が薄くなり、薄雲を通してではあったがほぼ日食の全行程を見ることができた。

本格的な機材を持参し写真撮影に余念のない人や、のんびり日食グラスで眺める人までスタイルはさまざま。それぞれ自由に日食を楽しんでいた。

そんな中に、宮城教育大学付属小学校四年の増本玲君がいた。彼は、温度計で気温の変化を調べ、蚊取り線香で風向きの変化を、そしてデジカメで風景を撮影し明るさの変化を観察した。さらに、日食グラスを通して自分の目で太陽を観測し、耳では動物たちの声をしっかり捉えていた。

猛暑の中、騒がしかったセミの声がいつしか聞こえなくなり、辺りが暗くなるにつれて静けさが広がった。この状況を増本君はこう報告した。

「スジアカクマゼミ（日本では聞いたことない鳴き声のセミ）がうるさく鳴いていたが、皆既二十三分前で鳴き声がやみ、皆既二十三分後に再びうるさく鳴き始めた。

　ガビ鳥は皆既一分前にギィッギィッと短く騒ぎながら南の方向へ飛んでいき、皆既後三十秒から二分三十秒までは木に止まりながらギィッギィッと鳴き、それを過ぎるとピチピチという鳴き声に変わった。セミも鳥も皆既中は鳴かずに静かだった」

　そして増本君は、セミは明るさによって鳴いたり鳴き止んだりすることや、ガビ鳥は明るさの変化に驚き、警戒している鳴き声になったことを自らの体験から知ることができたのだ。

仙台で観察された部分日食。最大で９割以上が欠けた。2012年5月21日、仙台市宮城野区の榴岡公園で（同日付河北新報より）

　一二年五月二十一日は、金環日食だった。この日、金環を見ることができたのは一部の地域。仙台では、金環にはならないが九割以上も太陽が隠される見応え抜群の部分日食となった。

　仙台市天文台でも特別観察会を開催したが、私が向かった先は八木山動物公園だった。皆既のように暗くはならないが、中国の時のように前後に動物たちに何か変化があるかどうかを調べるためだ。

　朝の六時から約三時間をサル山で過ごした。動物園のスタッフの方も時々一緒に見ながら普段の様子などを教えてもらった。でも、ほんの少し薄暗くなりちょっと気温が下がっても、ニホンザルの皆さんは特に気に留めることもなく普通に過ごしていた、と思われる。

二〇三五年には、ついに日本で皆既日食が見られる。
ペットと一緒に日食を楽しむのはいかが？

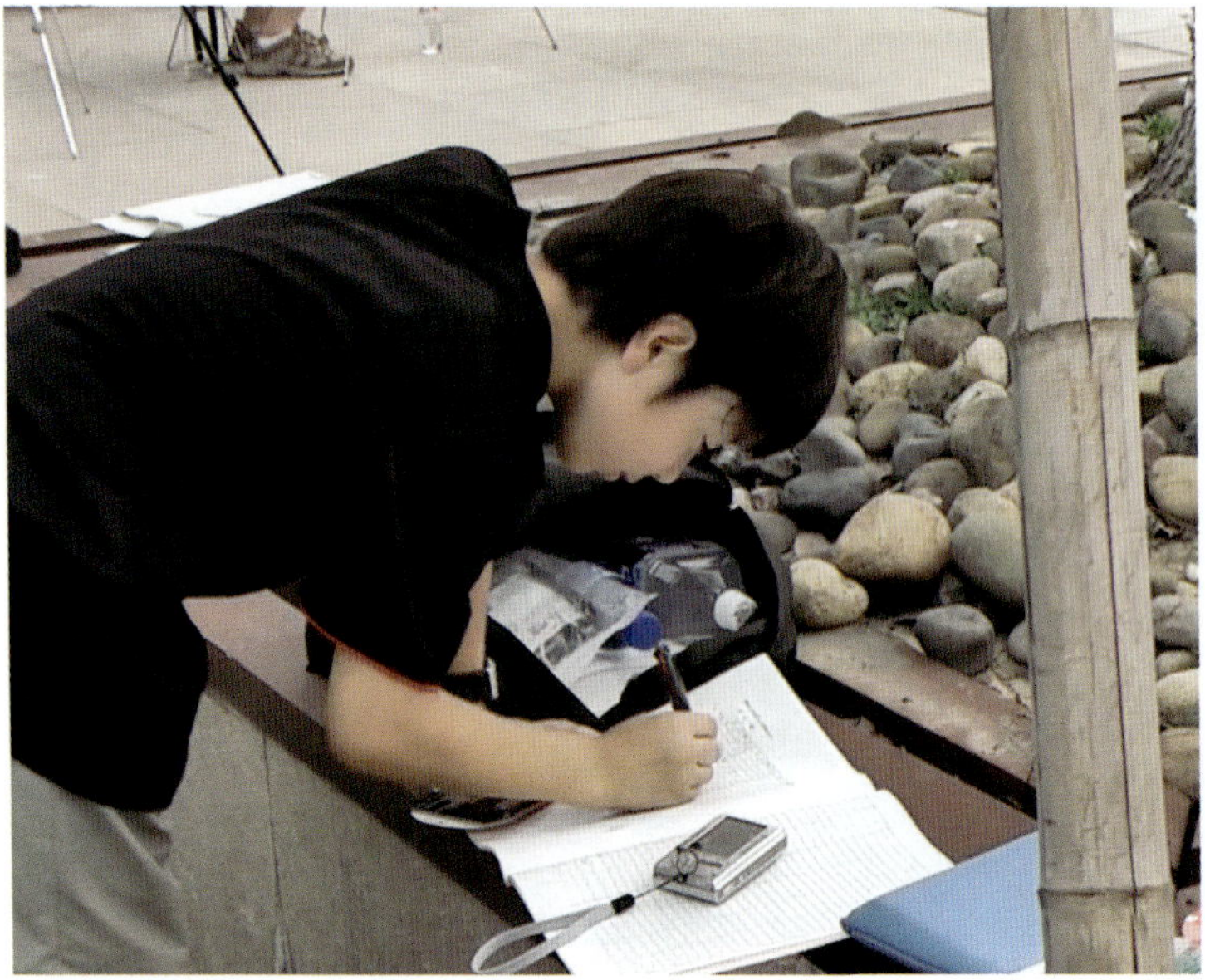

熱心に風向きなどを調べる増本玲君（2009年7月22日、中国での皆既日食）

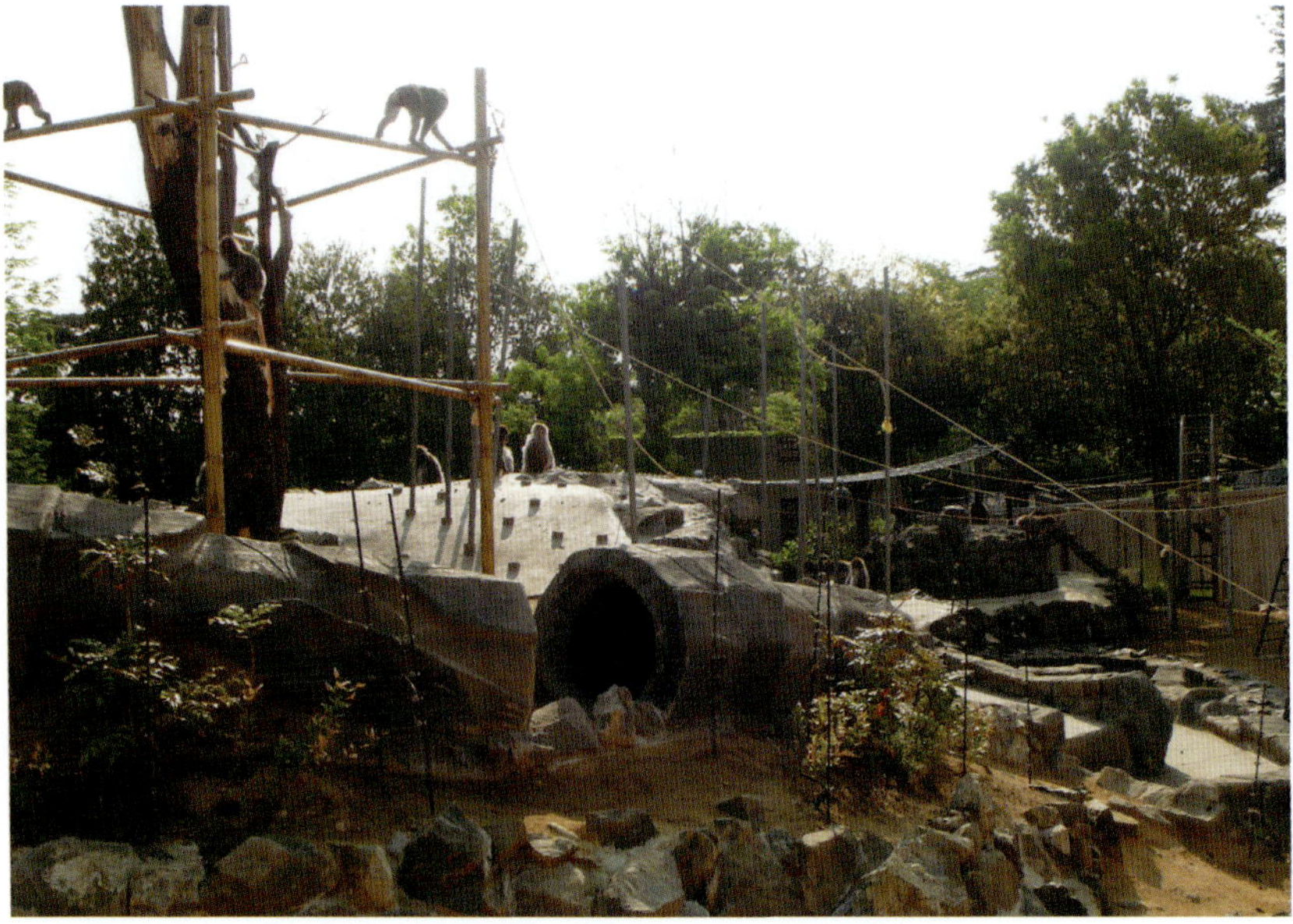

いつもと変わらぬ？　八木山動物公園のサルたち（2012年5月21日、仙台での部分日食）

八月の星空

8月15日
午後8時半頃の星空

八月（葉月）の星めぐり

いよいよ夏がやってきた。

夏野菜はおいしく、夏の花たちは夏バテもせずにみんな元気いっぱいだ。時間とともにセミの鳴き声が変わっていく自然界のBGMを楽しみ、夜は虫の音色が星見のよいお供になってくれる。私が子どものころの夏の夜の記憶は、ホタルの乱舞と空に横たわる天の川。

まばゆい街明かりを避けてちょっと郊外へ出掛けてみると、まるで星空を流れる光の川のように横たわる美しい天の川を目にすることができる。天の川は、南の「さそり座」辺りから立ち上り、頭の上を通って北の空まで続いている。

織り姫と彦星は、天の川にさえぎられ一年に一度しか会うことができない。そんな物語も天の川とともに眺めると、より一層その悲恋が伝わってくる。

織り姫星は仙台七夕の時期に天頂付近で輝き、七夕をアピールする。彼女の周りの星を結んでできる星空の短冊に、何かお願いしてみよう。彦星の両側には、彼がお世話をする牛も星になっている。そして、二人の近くにある相合い傘が、暑い日差しからも、夕立からも二人を守ってくれているかのようだ。

「夏の大三角」は、この辺りの天の川で輝くベガとアルタイルとデネブが描く三角だ。織り姫星が「こと座」のベガで、彦星は「わし座」のアルタイル。相合い傘のてっぺんの星がデネブで「はくちょう座」のしっぽに当たる。

大きな十字架の形に空を飛ぶ白鳥の姿を重ねるのは、意外にたやすい。仙台を拠点に活躍中のプロサッカーチーム、ベガルタ仙台の名前は、ベガとアルタイルが由来となっている。まさに七夕の町仙台ならではのチーム名だ。

「さそり座」が南の地平線上を徐々に西に移動しているが、その東隣には半人半馬の「いて座」が弓矢を持ち毒虫サソリを狙っている。この「いて座」の中に柄杓《ひしゃく》の形の星並びが見える。六個の星で作られるので南斗六星と呼ばれているが、北斗七星と比べると小さくてかわいらしい。天の川の水をすくうにはぴったりの大きさだ。

夏の天の川。2009年6月19日、蔵王で（撮影・佐藤孝悦）

頭の上に輝くベガのちょっと北寄りのところに、星が四つ小さな四角を作っているのが見える。ここは竜の頭だ。北斗七星と「こぐま座」の柄杓の間を縫うようにくねくねと星が並び、巨大な「りゅう座」が出来上がっている。

西を向くと、北斗七星と手をつないでいるかのようにいつも一緒に見えていたアークトゥルスが、地平線へと傾いてきている。そして北斗七星も北西の空にだんだん低くなってきた。代わって北東からは、Wの星並びで有名な「カシオペヤ座」が昇ってこようとしている。このようにして星は季節を教えてくれている。

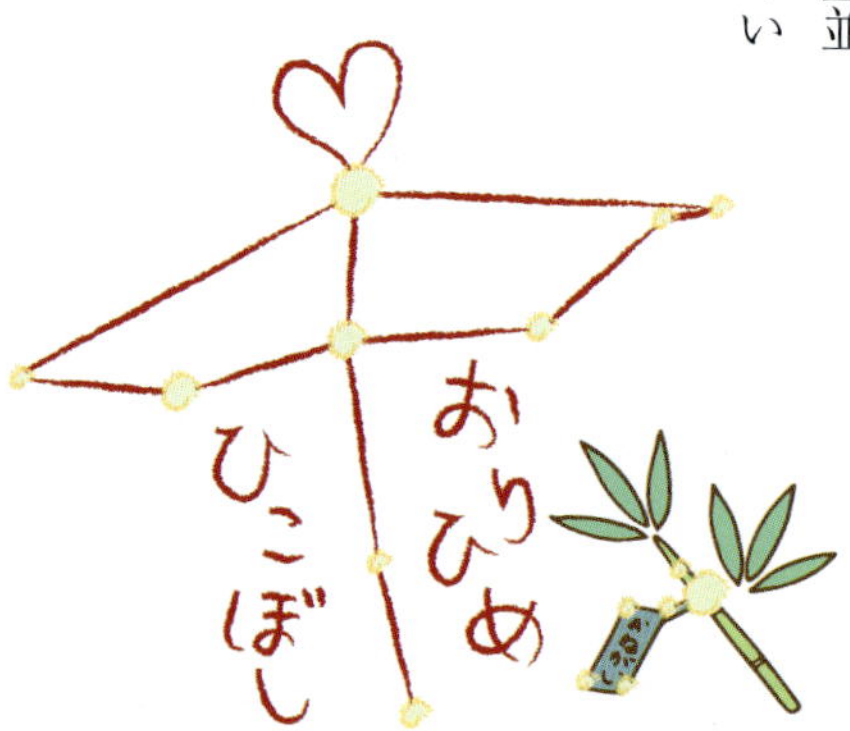

すいきんちかもく

順番を覚える方法に語呂合わせがある。

元素周期表の「H He Li Be B C N O F Ne…」は「水兵リーべぼくのふね…」、平方根の$\sqrt{2}$（1.41421356…）は「ひとよひとよにひとみごろ…」など。

太陽系の惑星の覚え方は、太陽に近い方から「すい・きん・ち・か・もく・どっ・てん・かい・（めい）」。これは子どもたちもよく知っている。「めい」が括弧に入っているのは、冥王星が二〇〇六年に惑星ではなくなったため。最近の子どもたちは、ちゃんと「かい」でストップする。

新天文台の展示室にある太陽系エリアでは、五千万分の一の大きさの惑星模型が天井からぶら下がっている。「すいきん」と唱えながら展示室を歩くと、惑星の順番も大きさも身近になるはずだ。ここでは冥王星までであるのがミソ。冥王星は地球の衛星である月よりも小さいことが一目瞭然。惑星でなく準惑星となった理由や、消えてなくなってしまったと思っている人にも、そうではないことを理解してもらえる。

この「すい・きん・ち・か・もく・どっ・てん・かい・（めい）」は、本当に語呂がよく覚えやすい。小学四年生の天文台学習で展示室がにぎわっている日のこと。男子二人が一生懸命「すい・きん・ち・か・もく…」を唱えながら指を数えていた。

何げなく様子をうかがっていると「おかしいなあ、どうしても七個だ」と言いながら、また「すい・きん…」と指を数えている。よくよく見ると「すい・きん・ちか・もく・どっ・てん・かい」とやっている。これでは一生七個だぞ。ようやく「ち」と「か」を理解した二人は、ほっとした顔をした。きっと生涯、惑星の順番は忘れないに違いない。

またある時、アメリカからやってきた小学六年生のDayton君と話をしながら、ふとアメリカでも惑星の覚え方があるのか気になって聞いてみた。ちょっと考えてから「あるある」と教えてもらったのは、こんな文。

水星（Mercury）、金星（Venus）、地球（Earth）、火星（Mars）、木星（Jupiter）、土星（Saturn）、天王星（Uranus）、海王星（Neptune）。これら英語名の頭文字からMy Very Efficient Mother Just Served Us Noodles.（私の大変有能な母は、私たちに麺を出しただけだった）と言うのだそうだ。

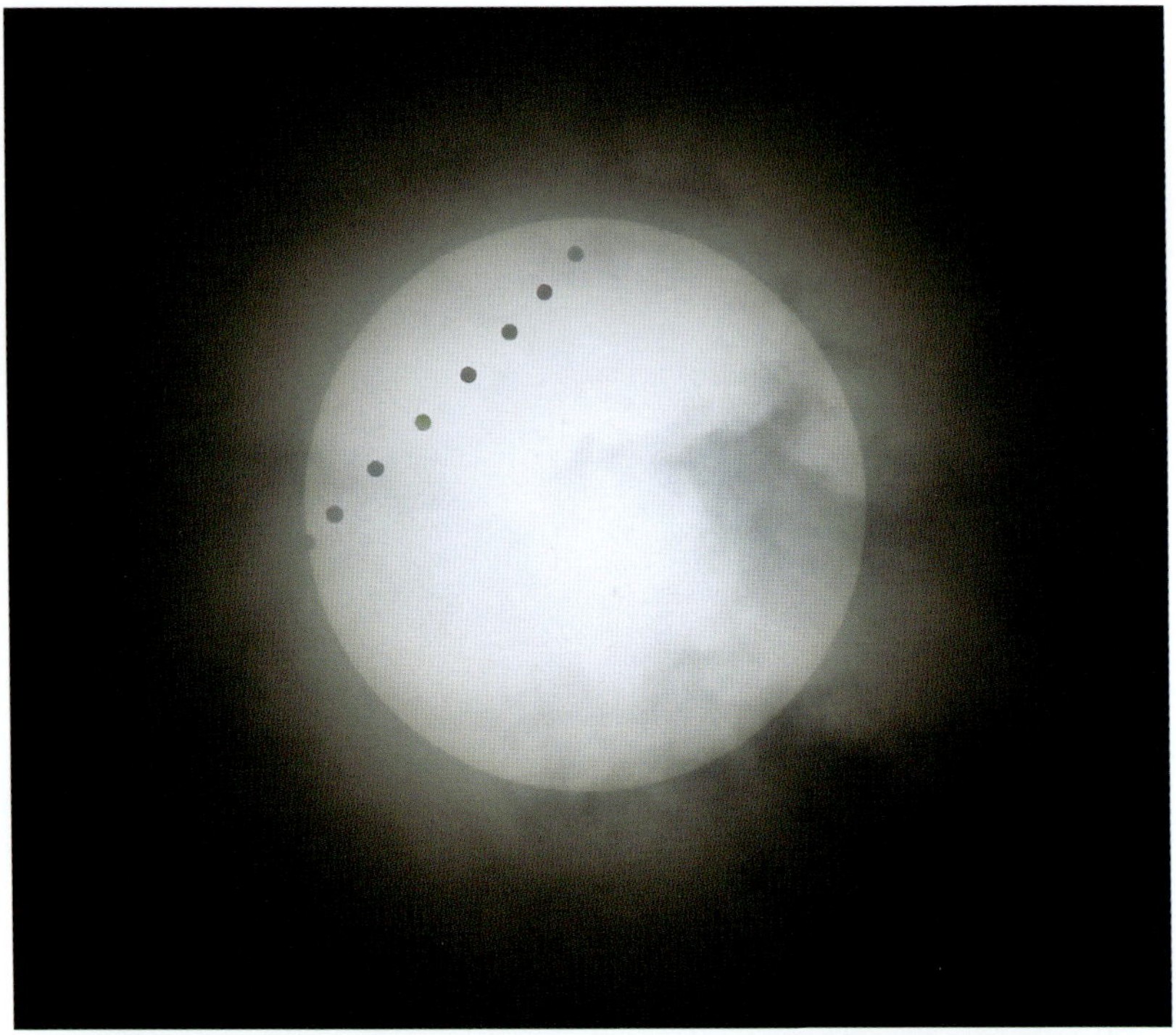

太陽系の仲間が演じる天体ショーの連続写真。太陽の前を右上に向かって金星が通過した。2012年6月6日、仙台市青葉区で（2012年6月7日付河北新報より）

太陽系の惑星模型が並ぶ仙台市天文台の展示室

天の川

天文台の中庭には、「天の川」をイメージして作られた植栽がある。日々草、ラベンダー、クリメッツジ、ハンカチノキ、柳などが材料となっているが、近くで見ても誰も天の川とは思わない。二階、三階に上がり、窓から見下ろしてこそ全体像を知ることができる。では、星空の天の川の全体像とは？

イタリアの天文学者ガリレオ・ガリレイが自作の望遠鏡で天の川をのぞいた時、視野の中には彼を歓迎するかのように無数の星がきらめいていた。望遠鏡という大きな瞳のお陰で、私たちは天の川が星でできていることを知った。

この星の川は、夜空をぐるりと一周しているように見える。夏の天の川はとても明るく見やすいけれども、冬はよほど空の暗いところでないと見えないほど淡い。いったい何者なのか、どんどん気になってくる。

では、自分が広々とした丸いヒマワリ畑の中にいるとする。中心にいれば、周りを取り囲むヒマワリは均一に見える。端っこの方に移動して畑の中心方向を眺めてみると、はるか遠くのヒマワリまでぎっしりと重なり合っている。視線を中心からずらすにつれて、重なりが徐々にまばらになってくる。

天の川をイメージした仙台市天文台の植栽

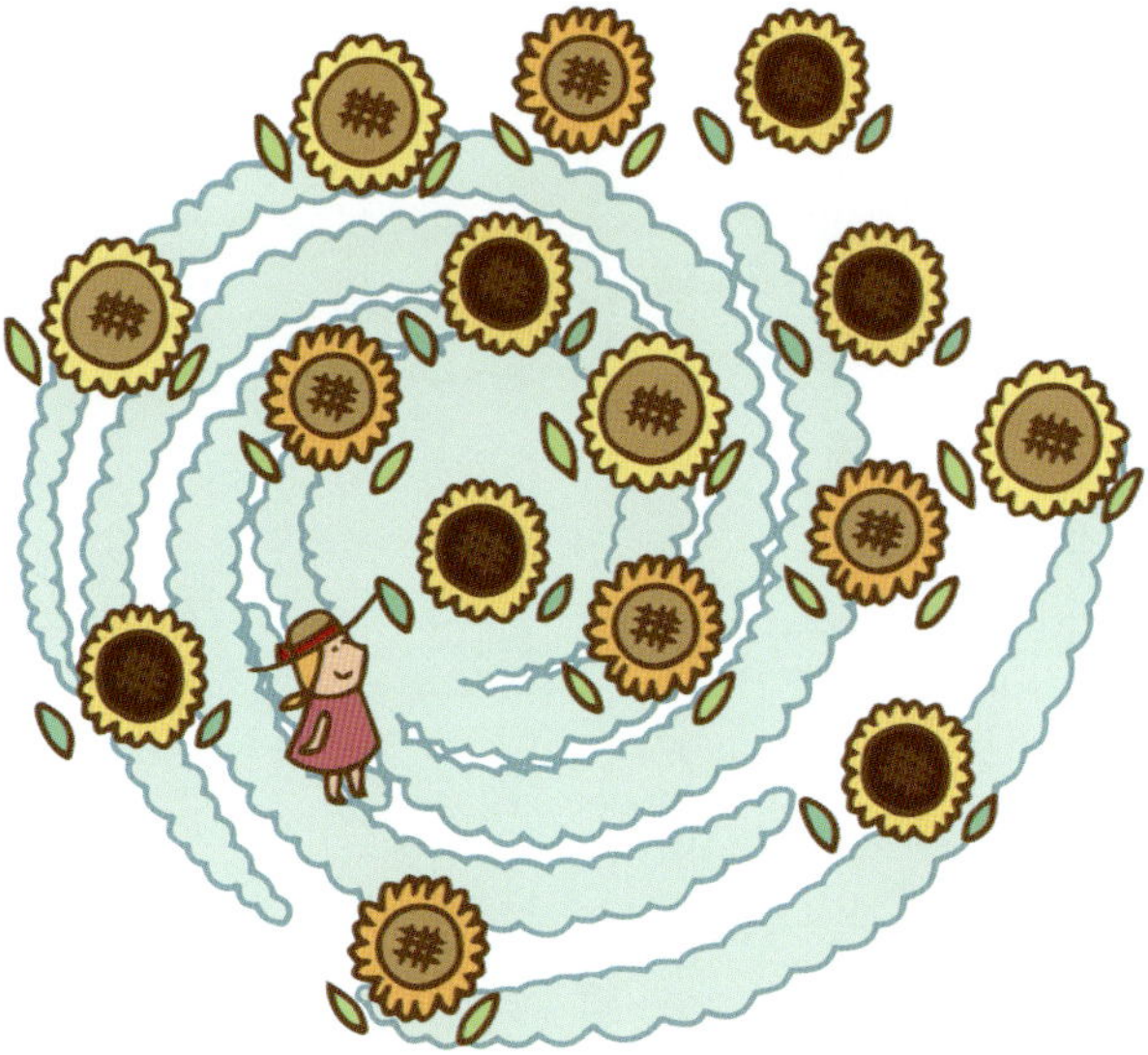

ヒマワリを星に置き換え、ヒマワリ畑を銀河系とする。私たちの太陽がいる端の方から銀河系を眺め渡すと、重なり合った星たちがぐるりと周りを取り囲んでいる。中心方向ほど星が多いので光は強く、徐々に弱まりながら反対方向ではとても淡い光となっていく。夏の星座の「いて座」方向が銀河系の中心なので、夏の天の川は明るくてとても美しく見えるのだ。

天の川はこのように、私たちの住む銀河系を中から見た姿なのである。

そうは言っても、森の中にいると森全体の形が分からないのと同じように、銀河系の中にいて銀河系全体の形を想像するのは至難の業だ。天文台にある天の川の植栽を見下ろしながら、壮大な銀河をちょっと思ってみた。

初めての隕石《いんせき》

「あのー、昨日の昼ごろ空から石が降ってきたんですが」。この電話が、宮城県初の隕石発見の第一報だった。

一九八四年八月二十二日の午後一時半過ぎ。富谷町の閑静な住宅地に住む主婦の浅野美奈子さんは、風邪気味の四歳の長女を抱っこして、薬を飲ませていた。そばには、生まれてまもない双子の女の子の赤ちゃんが寝ていた。

突然の「ドーン！」という大きな音にびっくりして外を見ると、空から黒い石のようなものが落ちてくるのが見えた。そしてそれは、縁側の上に風で飛んで落ちた洗濯物、長女のパジャマの上にちょこんと載っていた。

その黒い物体はいったい何かー。浅野さんの推理と調査が始まる。黒い石は冷たく、何だか生臭い。大きな音がしたのは、二階の物干し竿が落ちたためではないかと思い、見に行ってみたが落ちてはいない。夏休み中のことだから子どもたちが石でも投げたのかもしれないと、近くの公園にも行ってみたが誰もいない。

仕事から帰ったご主人に報告して、彼が気象台に電話をすると「天文台に聞いてください」との返事。そこで翌日、天文台へ電話をしたという。

天文台では、スタッフ二人が現場へ急行した。その一人、千田守康さんは「見た瞬間、隕石だと分かった」と振り返る。ほかにも落ちているはずと近所を捜索し、お隣の早坂次雄さん宅の物置のトタン屋根の上に、もう一つの隕石を発見した。

宮城県に初めて落ちた隕石に、テレビ局や新聞社の取材が殺到。浅野さんは対応に追われ、化粧する暇もなかったそうだ。近所の子どもたちが総出で隕石探しをしたが、それ以上は見つからなかった。

二つの隕石は、浅野さんが目撃したことと、パジャマが風に飛んで縁側にあったこと、そのパジャマの上に落ちたために跳ね返ることなく載っていたことなど、いろいろな偶然が重なって発見された。

まるで、宇宙を飛んでいた隕石が「あ、あそこ。ちょうど着陸するのにいい場所を見つけた！」と富谷町を目指したのではないかと想像してしまう。映画のワンシーンのように、ドラマチックな富谷隕石の誕生物語である。

パジャマの上に落ちた富谷隕石

仙台市天文台で行われた特別展示「富谷隕石がやってきた！」(2014年7月1日～11月3日)

冥王星がなくなった？（前編）

冥王星は一九三〇年、アメリカのクライド・トンボーさんによって発見され、太陽系の第九惑星となった。天王星と海王星はヨーロッパの天文学者が発見していたので、アメリカ中が大興奮。冥王星の英語名プルートが、アメリカで同じ年に誕生したかわいい犬のキャラクターの名前になったほどだ。

こうして私たちは、この章でも紹介したように、「すい・きん・ち・か・もく・どっ・てん・かい・めい」と言いながら、惑星の順番を覚えたりした。でも、かつて後ろの二つの順番が「めい・かい」になることがあった。それは、冥王星の軌道が他の惑星と違って、きれいな円ではなく楕円を描くために起きた現象だ。

約二百四十八年で太陽を一回りする間に、二十年ほどの間は海王星より内側に来てしまうのである。ちょうど一九七九年から九〇年までがこの状態だったので、「めい・かい」が記憶に残っている人も多いことだろう。

近年になって、観測技術がさらに向上してくると、太陽系の中に次々と新たな星が発見されるようになった。その中には冥王星より大きい星、エリスもあった。また、冥王星が地球の衛星である月よりも小さい、ということまで分かってしまった。冥王星が惑星でいる理由がどんどん難しくなってきたのだ。

何だか、こんな会話が聞こえてきそう。
新天体エリスさん「あなたが惑星なら私だって惑星と呼ばれていいはずだわ！」
冥王星くん「君が十番目の惑星なら、どっ・てん・かい・めい・エリスになるね」
お月さん「でも、私より小さい惑星なんて許せない。私、衛星なのに」
冥王星くん「ご、ごめんね（汗）」
海王星くん「仲間には違いないけれども、僕のこの美しい円軌道を邪魔しているのは、ちょっとどうかと思うな。」
冥王星くん「……（汗）」
アメリカの人たち「アメリカ人が発見した星だから、ずっと惑星でいてほしいな」
冥王星がかわいそうになってくるが、この混乱を何とかしないといけない状況になっていた。

冥王星が惑星から除外され、仙台市天文台では表示の修正に追われた（2006年8月26日付河北新報より）

冥王星がなくなった？（後編）……

冥王星は今も太陽の周りを回っている。なのに「冥王星はなくなったんですよね」と聞かれることが多いのは、二〇〇六年のあるニュースが、人々の脳に強烈にインプットされている現れだろうと思う。

同年八月、チェコのプラハで開かれた国際天文学連合の総会で「惑星って何？」という議論がなされた。いよいよ冥王星をどうするかという投票が行われた時、議長のそばには黄色いキャラクターのプルートがちょこんと座って投票の行方を見守っていたのが印象的だった。

「惑星」とは、簡単に言うとこう定義された。

① 太陽の周りを回っている
② 丸い形をしている（大きい重力を持つ）
③ 軌道の周りから他の天体をきれいになくしている

冥王星は、①と②は当てはまるが、③に関しては付近に多くの小天体が発見されており当てはまらない。こうして、冥王星は惑星という肩書から外れたのだった。

この決定後、天文台はマスコミの取材に追われることになった。そんな騒ぎの中、ひっそりと胸を痛めていたことは、プラネタリウムの幼児プログラムのために作った歌のことだった。

『ちきゅうをさがせ！』というプログラムのテーマソングで、タイトルは「すいきんちかもくの歌」。作詞を私が担当、岩沼市在住のヤマハ音楽教育システム講師・竹中洋子さんが作曲した。

この中で、神奈川県のデュオ・アクアマリンが「すいきんちかもくどってんかいめい～」と元気よく歌っているからだ。この軽快な歌は、子どもたちに大人気だった。

今後どうすればいいのか、頭を抱えた（後に歌詞を少し変えました）。冥王星問題はこんなところにも影響を及ぼした。そして、「冥王星はなくなったんですよね？」と、多くの人たちの頭の中に小さい記憶として残してしまうほどの大きな出来事であった。

すいきんちかもくの歌

作詞　高橋博子
作曲　竹中洋子
歌　アクアマリン

「すいきんちかもくの歌」の録音風景

九月の星空

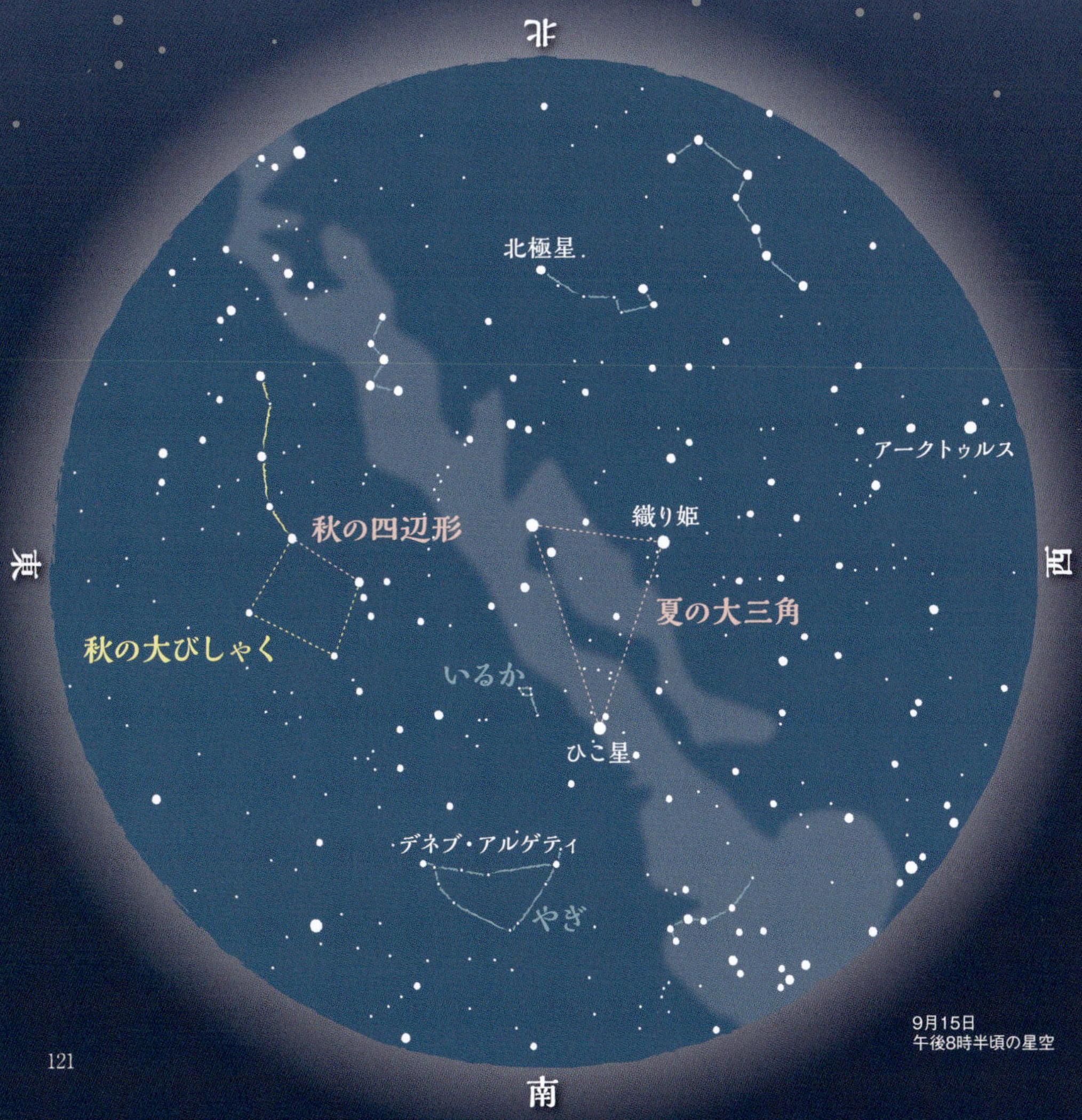

9月15日
午後8時半頃の星空

九月（長月）の星めぐり

秋の気配が漂ってきている。虫の音色はオーケストラ。道ばたの至る所でススキが日の光を受け、キラキラ光って美しい。

田んぼは一面黄金色。スーパーの食品売り場では、日本中から届く果物たちが「どうぞ食べてください」と言わんばかりに並んでいる。河原では秋の風物詩、芋煮会のシーズン到来だ。世の中が衣替えしていくように星空も衣替え。

空を見上げると、南の高い所には「夏の大三角」がはっきりと見えているが、ちょっぴり西に傾きかけている。この三角の一員である七夕の星を使うと、秋のトップバッターの星座を探すことができる。

織り姫星から彦星に向かって、その間隔を同じぐらい南に向かって伸ばしていくと、目立たない星たちではあるが、三角の星並びが見つかる。この辺りの星座が「やぎ座」だ。わっはっはと笑っている大きな口のようにも見えるが、古代ギリシャではこの三角の中を人間の魂が通って天に昇っていくと考え「神々の門」と呼んだそうだ。

目立つ星が見当たらない「やぎ座」の中で最も明るい星は、三等星のデネブ・アルゲディだ。やぎのしっぽという意味なので、やぎの細い尾を想像しながら星座絵を見てびっくり。何としっぽだけ魚になっている。これは慌てん坊の山羊の神様パーンが変身に失敗した姿で、この姿のまま空に上げられてしまったというかわいそうな物語がある。しかし元来、愉快なことが大好きだったパーンなので、意外に気に入っているのかもしれない。

「やぎ座」から、げんこつを作って三つ分ほど北に伸ばした辺りに、「いるか座」がある。小さくてかわいらしい星座なので、「いるか座」ファンも多いようだ。場所を知っていると街中からでも見えるので、いるかが、いるかいないか、探してみよう。

「いるか座」から目線を東へずらしていくと、大きな四角い星並びに気づく。これが「秋の四辺形」だ。一等星は一つもなく、ちょっと控えめな秋のシンボルである。四辺形の北東側の星から北に向かって緩やかなカーブを描くと、大きな柄杓《ひしゃく》の出来上がりだ。

稲穂と夏の大三角。2014年9月14日、宮城県蔵王町平沢で（撮影・十河弘）

東に現れたこの秋空の大柄杓と一緒に、南には南斗六星、北西には北斗七星、北には「こぐま座」と四つの柄杓が大集合している。今の時期ならではの光景である。

秋空の大柄杓の柄の部分の北側に、「カシオペヤ座」がまた少し高く見えるようになってきた。そして、春の初めごろからずっと空に見えていたアークトゥルスがいよいよ西の地平線に沈んでいこうとしている。来年、この星を見つけた時にはきっと懐かしく思うことだろう。

かごめかごめ

月を見ると模様が見える。どうすればウサギが餅をついているように見えるのだろうと、満月を眺めたことがある人も多いことだろう。月はどうしていつも私たちに同じ顔を見せているのか。違う模様を見ることは決してできないようだ。

このような月の謎を「かごめかごめ」が教えてくれる。両手で目をふさいだまま座っている鬼の周りを、子どもたちが手をつないで「カゴの中の鳥は」と歌いながらグルグル回る。そして「後ろの正面だあれ」でピタッと止まる。鬼は後ろに誰がいるかを当てるという、昔ながらのシンプルな遊びだ。周りの子どもたちの顔が、全員鬼の方を向いているところがミソだ。

鬼を私たちの住む地球、地球の衛星である月を鬼の周りを回る子どもたちとしよう。月（子どもたち）はいつも地球（鬼）の方を向いている。つまり月は、かごめかごめの子どもたちと同じように回っているということになる。

では、鬼の周りを回る子ども一人に注目してみよう。鬼の正面から回り始めて元の位置に戻って来るまでに、自分自身がくるりと一回りしている。

ややこしいかもしれないが、月は一回公転する間に一回自転をしていることが分かる。月の自転と公転が同じだったのが、月が常に同じ面を地球に向けている理由なのだ。

月はこうして約二七・三日で自転公転をしながら、今日も私たちにいつもの表情を見せてくれているのだ。

ソル・デ・ミシオネス

二〇〇二年の秋、仙台は街の至る所で音楽の演奏が響き渡る定禅寺ストリートジャズフェスティバルを迎えようとしていた。

ある日、ジャズフェスに出るという人たちがラジオに出演しているのを偶然聞いた。スタジオでの生演奏が始まった瞬間、なんて星空に似合う音だろうと思った。これまで聞いたことのない優しく、力強く、自然の中に溶け込むような音色。「ソル・デ・ミシオネス」が演奏する「アルパ」という中南米の民族楽器だった。

一目惚《ぼ》れならぬ一耳惚れ。ジャズフェス会場に出掛け、初めて出会ったソル・デ・ミシオネスに、プラネタリウムでの演奏の勧誘をしたのだった。

ソル・デ・ミシオネスは、仙台在住のアルパの夫婦デュオだ。ご主人はパラグアイのミシオネス県サン・ファン・バウティスタ市出身のホセ・ルイス・バルボーサさん、奥さまは福島市出身の岩崎わかなさん。ソル・デ・ミシオネスとは、スペイン語で「ミシオネスの太陽」という意味で、名前を聞いただけで輝く太陽の光にあふれた広大な自然が頭に浮かんでくるようだ。

約四百年前に伊達政宗がスペインに派遣した慶長遣欧使節の乗った船の名前がサン・ファン・バウティスタ号、何とも仙台とルイスさんとの縁を感じてしまう。サッカーの日本パラグアイ戦が開催される時のパラグアイの国歌は、なんとルイスさんの歌声である。

一年後の仙台七夕の夜、プラネタリウムコンサートが実現した。「プラネタリウムでアルパの演奏をしたのは私たちが初めて」と、ルイスさんはパラグアイの家族にも自慢したそうだ。

「百円ショップで見つけました」と、数個の小さいライトをアルパにくっ付けたルイスさん。「暗い明かりだけど、ちゃんと弦が見えます。プラネタリウムの照明つけなくていいから星空きれいねー」。肝心のルイスさんとわかなさんが見えないことになるのだが、それはお構いなしに満天の星を自ら演出してくれた。二人の掛け合いも楽しくてプラネタリウムはホットな空気に包まれながら、心地よいアコースティックな音色が星空に広がった。

プラネタリウムで行われたソル・デ・ミシオネスの演奏（2010年9月25日、仙台市天文台で）

パラグアイの星

錦ケ丘（仙台市青葉区）に移転して二年目の秋に開催した「南米の星空とアルパの調べ～ソル・デ・ミシオネスコンサート～」では演奏とともに、ルイスさんの出身地である南半球パラグアイの星空とパラグアイに伝わる星の伝説を紹介した。

ルイスさん情報によれば、パラグアイのミシオネスには天文台があり、最近同国で初となるプラネタリウムもできるらしいとのこと。さらにルイスさんはミシオネスの天文台から貴重な星の資料までもらってくれた。

パラグアイには、グアラニ族という原住民が伝えた天文学がある。グアラニ族は、地球を果てしない海に浮かぶ一つの島か大陸のように想像し、星を眺めて多くの神話も残したそうだ。さまざまな星の話の中から、私たちにもなじみのある星を選んで紹介することにした。

プラネタリムに満天の星がきらめく。ルイスさんは、自分の国の懐かしい星空を見ながら演奏できることをとても喜んでいた。南半球では「天の川」の最も美しい部分が天高く見える。天の川は、バクという夜行性の動物が通って行く道だという。隠れ場所や水飲み場などを行き来するたびに踏み続けた枯れ葉が、月の光で輝いているのが天の川だと考えたそうだ。

天の川の中にある「みなみじゅうじ座」を作る十字型の星並びは、ダチョウの足跡だ。マゼランが航海した時に発見した大マゼラン星雲と小マゼラン星雲は、宇宙からやって来た老人たちが、人間が亡くなって星の世界に行く時迷わないようにと残した焚《た》き火だと見た。

「おうし座」のプレヤデス星団（すばる）の星の群れは、寒さに震えて抱き合っている様子に見えるという。六月初め、日の出の直前にすばるが現れると、その後は寒い冬を迎えるからだ。

空に棲《す》む青いトラが月や太陽を飲み込むと、人々が空に向かって弓矢や石を投げる。それに驚いたトラが、月や太陽をかじって空へ帰っていく。これが月食や日食だという。

初めて聞く話に、あらためて星の見方は一つではないことや、その土地の人たちが感じ考えたことが本当に面白く生き生きとしていることに驚くばかりだった。いつの日か、プラネタリウムの空のように美しいというパラグアイの星空の下で、「ソル・デ・ミシオネス」の演奏を聴きながら、パラグアイの星の話を聞いてみたいものだと思った。

火星VSアンタレス

二〇一四年秋の夕暮れ時、仙台市天文台の惑星広場に集まり、じっと空を見つめている女子スタッフたちの姿があった。視線の先にあるのは、南西の地平線に間もなく沈もうとしている火星と「さそり座」のアンタレスだ。

「どっちが赤い？」「うーん、どっちも赤い」「アンタレスの方が何となく赤いような気がする」「火星は朱色かな」「どっちが明るい？」「同じくらいかな」と声が弾む。どちらも一等星の明るさで、色の感じもそっくりな二つの星がまるで双子のように並んでいた。

眺めているうちに二つの目玉に見えてくる。「ウィンクしているみたい！」。どれどれ、確かにアンタレスはキラキラと瞬いて、火星の方はあまり瞬かないのが、ウィンクしているようで面白い。恒星の光は、大気の揺れの影響を受けて瞬いて見えるが、惑星は小さくとも面積を持っている分、瞬きが少ないのである。

「何だかこっちを見られているみたい」。暗い夜空の中で巨大な何者かが、山の上に潜んでじっと見つめているように思えてくる。「きゃー！」などと叫びながら、勝手に盛り上がる女子スタッフたちであった。

火星は太陽の通り道である黄道の近くを動いて行くように見えるので、黄道上に位置する「さそり座」で輝く時もあるのだ。アンタレスとは、「火星の敵」という意味のアンチ・アーレスが短くなったものである。昔の人たちも夜空での赤い二つの星が出会う様子を何度も目にしたことだろう。

二〇一四年の火星は、「おとめ座」「てんびん座」の前を移動しながら九月中旬には「さそり座」へ突入し、毎日ジワジワとアンタレスへと近づいていったのだった。

次回の饗宴は二〇一六年八月末だ。この時の火星は大接近の三カ月後。地球との距離が近いので、明るさは火星に軍配が上がる。色はどんな風に見えるのか、今から楽しみである。

西の地平線に沈もうとしている火星とさそり座（2014年9月21日、仙台市天文台惑星広場で）

大接近ブーム

運動会のかけっこを見物していると、太陽の周りを回る惑星たちに見えてくる。惑星のかけっこは特に地球と火星が面白い。二つの惑星が隣に並んで、ヨーイドン！

「地球、早いです。どんどん火星を追い越して走っていきます。地球が太陽を一回りしました。火星は地球から見るとはるか太陽の向こう側です。火星、頑張れ。地球が二周目に入り、早くも火星に近づいてきました。あ、地球が火星に追いつきました！」

地球は約三百六十五日、火星は約六百八十七日で太陽の周りを公転している。隣に並んでスタートし、次に隣に並ぶまでが二年と二カ月。つまり、火星と地球は二年二カ月ごとに接近するのである。

地球が走るコースはきれいな円を描いているが、火星のコースは楕円なので、どの地点で並ぶかによって二つの惑星の距離が変わってくる。近い時が大接近で距離は五千六百万キロくらい、遠い時が小接近で一億キロくらい、その間を中接近と呼んでいる。数字だけを見ても全くピンとこないのだが、大接近の火星はマイナス

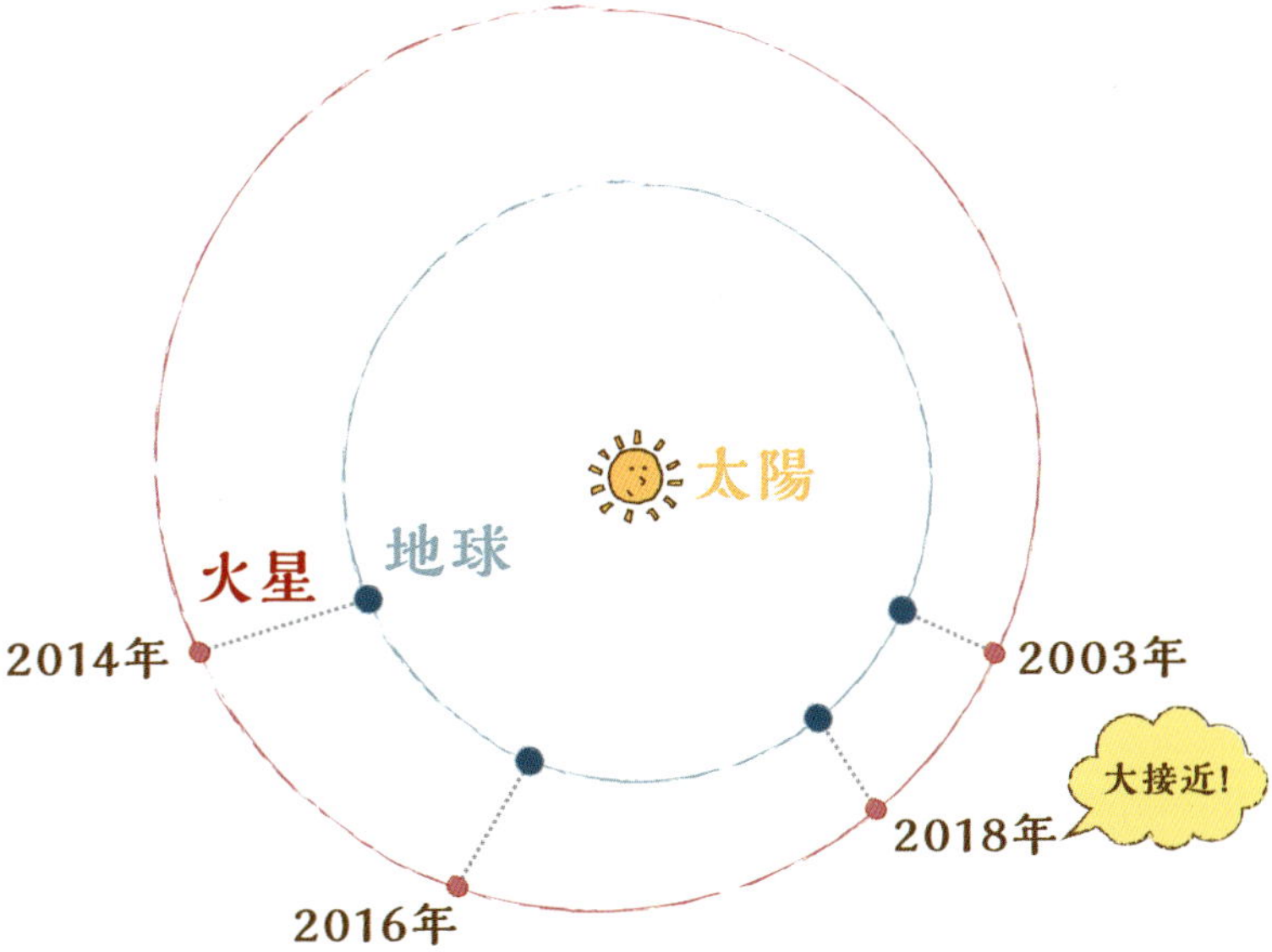

太陽、地球と火星の軌道

三等で輝き、星空でかなりの存在感を見せつける。

　一九八八年九月二十二日、五千八百八十一万キロまで近づいた大接近の火星を見るために、続々と市民の皆さんが集まって来た。当時、西公園にあった旧天文台には長蛇の列ができた。そこで二百人ずつのグループに分け、プラネタリウムで火星の説明を聞いてから天文台に上がり観望をするという流れを延々と繰り返した。

　狭い展示室は身動きできないほど人でぎっしり。午後十時にプラネタリウムの投映が開始された時は、私だけでなくお客さんもぐったりだったことだろう。この夜、天文台に集まった人は千百人に上り、ハレー彗星《すいせい》以来の大イベントとなったのだった。

　最近では二〇〇三年に五千五百七十六万キロの大接近となり「六万年ぶり！」と世の中が一気に火星ブームになった。

「これは六万年ぶりに地球と火星が近づいたのではありませんよ、二年二カ月後にはまた近づきますよ」と何度も補足説明をする私たちであった。

今後の火星は、二〇一六年に七千五百二十八万キロ、そして一八年には再び五千七百五十九万キロまで近づく大接近となる。普段から火星が見える時に眺めていれば、大接近の火星がどんなにすてきかを実感できるはずだ。

火星大接近を観測しようと集まった大勢の天文ファン（1988年9月22日、仙台市西公園の旧天文台で）

十月の星空

10月15日
午後8時半頃の星空

十月(神無月)の星めぐり

金木犀《きんもくせい》の香りが秋の到来を告げ、山からは紅葉の便りが届き始める。夏の日差しをいっぱい受けることと、急な冷え込みが、美しい紅葉を作り出すという。野菜や果物も太陽の光を十分に浴びたものはおいしい。人間も日の光を受けるのは大事なことなのだ。晴れた日には外に飛び出して行こう。

熊がそろそろ冬眠の準備をするように、星空の「おおぐま座」もこれから北の地平線に冬ごもりだ。すっかり隠れることはないので冬眠とまではいかないものの、これからしばらくは「おおぐま座」の北斗七星が見えづらい。北極星を教えてもらうのは北天高くのカシオペヤに任せることにしよう。

「夏の大三角」が西空高くまだまだ見やすく、北東からはベガと同じくらい明るく輝くカペラが昇っている。北東のカペラと北西のベガ、このように北東から昇り北西へと沈んでいく星たちは空の高い所を通っていくため長い期間楽しむことができる。

カペラから少し下がった所に見えるオレンジ色の一等星アルデバランの近くに、ぼんやりと気になるものがある。これが「すばる」で目のいい人なら星が集まっていることまで分かるに違いない。カペラとすばるは、冬の星たちの先がけとして昇ってくるので、毎年この時期、夜空にこれらの星たちを見つけると、冬が近づいていることを感じる。

西には夏の星が傾き、東からは冬の星が昇ってくる十月、夏と冬の間の空に秋を感じる明るい星はないものか――。あった、南の空の低い所。たった一つ、ちょっと寂しそうに輝く一等星はフォーマルハウトで「秋の一つ星」とも呼ばれている。

フォーマルハウトから頭をぐっと上に向けると「秋の四辺形」が見える。秋空の大きな柄杓《ひしゃく》も見やすくなってきた。秋の四辺形の辺りは「ペガスス座」で、なだらかな曲線の柄の部分は美しいお姫様「アンドロメダ座」である。

天馬ペガススは、あまりに早く飛んだために胴体の後ろがなくなったそうだ。全身が描かれていたら、巨大な星座となっていたことだろう。四辺形の北東の星

ススキとアンドロメダ銀河。
2012年10月16日、栗駒山イワカガミ平で（撮影・十河弘）

は「アルフェラッツ」と言って「馬のへそ」という意味がある。アンドロメダ姫の頭の星とも兼任している。

一九三一年に星座が八十八個に整理され、星座の境界線も決められた時に、アルフェラッツは「アンドロメダ座」の領域に入れられた。おへそはなくてもいいけれど、頭の星がなくなってはかわいそうということだったとか。

アンドロメダの曲線の真ん中にある星の近くに、「アンドロメダ銀河」がある。空の暗い所では肉眼でも見ることができる。私たちのいる銀河系に一番近いお隣さんの銀河の姿だ。双眼鏡や望遠鏡で見る機会があったら、二百三十万光年のかなたから届いた姿に感動を覚えることだろう。

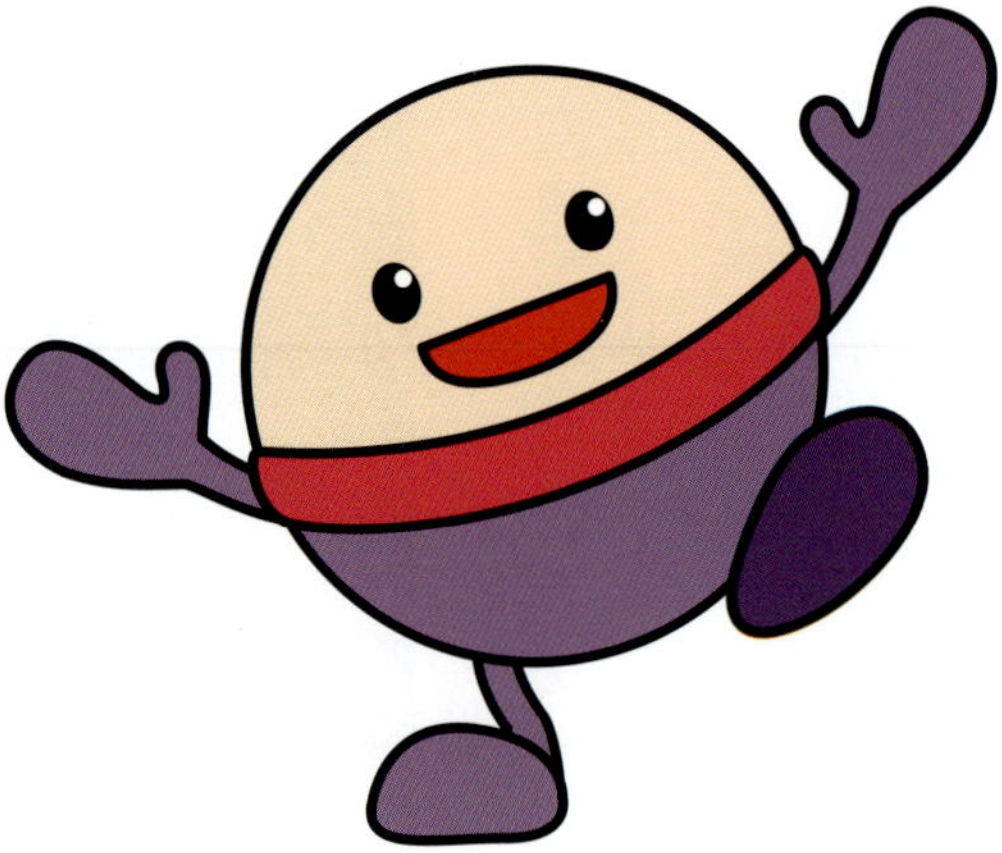

人気キャラクターのプラネくん©仙台市天文台

発声練習

仙台市天文台では朝の打ち合わせ後、ラジオ体操と発声練習を行うのが日課となっている。

ほんの数分ではあっても、毎日やることが大事。受付の案内アナウンスから、プラネタリウムや展示、望遠鏡の解説まで滑舌よく聞きやすい話し方ができるよう、日々努力をしている。発声練習は「あいうえお　いうえおあ　うえおあい　えおあいう　おあいうえ」の基本をすることもあれば、ギリシャ神話を読むこともある。

ある日、「こと座」の神話を読んだ。竪琴の名手オルフェウスは、蛇にかまれて死んでしまった愛妻のエウリディケを連れ戻すために、死の国まで出掛ける。

オルフェウスの思いに心を動かされた死の国の神は、エウリディケを帰すことを許す。ただし、「地上に出るまでは決して後ろを振り返ってはいけない」とオルフェウスにくぎを刺す。オルフェウスは天にも昇る気持ちで暗い洞穴を地上目指して歩く。

地上の明かりがかすかに見えた時、うれしさと本当にいるのかという不安とで、ふと後ろを振り返ってしまう。そこで一巻の終わり。エウリディケは煙のように

日課の発声練習をする仙台市天文台のスタッフ

消え、二度と会うことはできなくなり、オルフェウスも悲惨な最期をとげる。このような内容だ。

これを読み終えた途端、「えー、オルフェウスかわいそー」「振り返ったっていいじゃん」「神様っていじわるだよねー」。スタッフの間から、次々に辛辣《しんらつ》な感想が飛び交った。

三千年もの長い歴史を持つギリシャの文化も、新鮮な感覚でメッタ切りされる。こうしてこれまでギリシャ神話を知らなかった受付スタッフも、いつの間にやらギリシャ神話にすっかり親しんでいた。毎日の単純な繰り返しは、思いもよらないところで大きな効果をもたらすものだ。

韓流ドラマ

韓国ドラマを見ながら、その中に描かれる星や天文を発見するのは楽しいものだ。

『冬のソナタ』では星の飾りのネックレスがシンボルで、主人公の会社の名前が「ポラリス」だった。ポラリスは北極星のこと。「ポラリスだけは絶対に動かない。もし今度道に迷ったら最初にポラリスを探すといいよ。いつでも同じところにあるから」

星空を見上げ、こんなことを言われたら目が星になってしまうかも。

『犬とオオカミの時間』では、「夕暮れ時すべてが紅に染まり、近づくシルエットが自分の飼い犬か自分を襲うオオカミか見分けがつかない時間」と語られる。

太陽が沈み西空は夕焼け、辺りが徐々に暗くなってくる夕暮れ時を黄昏《たそがれ》と言う。その時間帯は、そこにいる人が誰なのかよく分からない。あなたは誰？　「たれそかれ」からきた言葉だ。

『善徳女王』は、西暦六〇〇年代の新羅初の女王で、朝鮮で初めて瞻星台（チョムソンデ）という天文台を造ったらしい。慶州市に現存しており、国宝にも指定されている。

高さ九《メートル》ほどの石造りの瞻星台は、本当に天体観測が行われたかどうかははっきりしないそうだが、中央付近に四角い窓が開いていて、小さなピラミッドを連想させる。千数百年も昔、いったいどんなことに使われたのだろうと想像がつきない。

『大王世宗』は、朝鮮王朝時代の第四代の王様だ。ドラマの中で「天象列次分野之図」という有名な天文図が出てきた時はびっくり。簡儀台という天文台を造ったり、渾天儀や日時計、水時計を造って観測をするシーンが次々と登場したりして、目が離せなかった。一四三〇年ごろに朝鮮でそのような科学の発展があったことを初めて知った。

皆既日食の予想が外れ、原因を探っていくうちに、中国（当時は明）と朝鮮とで天文図が違うことを発見する。星を観測して場所による北極星の高さの違い、つまり緯度を知る。朝鮮独自の暦が必要なことが分かっていく過程も興味津々だった。

北天の日周運動。2014年10月19日、蔵王賽の河原で（撮影・十河弘）

NG集

西公園にあった旧天文台では、二十分から三十分程度のプラネタリウム番組を自作していた。狭いながらも録音室があったので、自分たちで書いた台本のナレーション録音もした。

ナレーションは、スタッフがしゃべることもあれば、仙台で活躍中のアナウンサーの方にお願いすることもあった。録音本番中、同じ箇所ではまりまくってちっとも進まなくなったり、変なイントネーションだったり。また、アナウンサーの皆さんは声を変えて何役もこなしてもらうので、役の声を間違ってしまったり―と、毎回大爆笑だった。

こんな面白いことを消してしまうのは「もったいない」と思ったことが、ある出来事の元凶になるとは思いもしなかった。頭に浮かんだのは、テレビのNG集だった。編集して完成したオープンリールテープの後ろの方に、そのNG集を録音しておいたのだ。プラネタリウム番組が終われば投映者はテープを止めるはずだから大丈夫、居眠りさえしなければ、と思って。

そして、その日が来た。「まだ投映、終わらないねえ」「時間が延びてるのかな」などと時計を見ながら、事務室でいつも通りの会話。

番組が終わると、投映者は「終わったから扉を開けてください」というサインのブザーを事務室に送ることになっている。そのうち、あまりにも遅いのに突然胸騒ぎがした。「ま、まさか」。そっと扉を開けてみると、プラネタリウムは既にプログラムにより明るくなっていた。そして恐れていた通り、館内にあのNG集が流れているではないか。

しかも、観客の皆さんは全員じっと座り、誰一人として立ち上がる気配すらない。仰天して心臓が縮まる思いがした。コンソールでは突然われに返った投映者が、何事もなかったかのように終了のご挨拶をし、お客さんも何事もなかったように帰って行った。

一人で汗だくになり焦りまくっている私は、本番テープのずっと後ろの部分に録音したNG集を即刻消去したのは言うまでもない。テレビのNG特集を見るたびに、思い出す出来事である。

プラネタリウムとは、投映をしているスタッフでさえも安らかな気持ちにさせてしまうような、心地よい空間に違いない。

プラネタリウム番組の録音風景。大坂ともおさんと半沢かすみさん（2006年4月）

太陽系でお弁当

天文台の南西側に惑星広場という広々とした庭がある。春や秋のポカポカ陽気の日には、天文台に来た幼稚園や小中学校の子どもたちがシートを広げてお弁当を食べている。そこに時々現れるのがスタッフの長谷川哲郎さん。「お、君たちは火星軌道の内側にいるんだね。太陽系の中で食事できるなんて凄《すご》いね」。などと声をかけて楽しげだ。

惑星広場には何か仕掛けがありそうだ。そう、ここでは七十五億分の一のスケールの太陽系を体感することができるのだ。ひとみ望遠鏡の観測棟に約二十センチの太陽があることにして、その周りに惑星の軌道が細い道で作られている。水星の軌道は太陽から七・七メートル離れたところにある。金星は一四・四メートル、地球は一九・九メートル、火星は三〇・四メートル、木星は一〇三・八メートルというようにどんどん太陽から離れていくが、軌道は木星でストップ。さらに外側を回る惑星の軌道は天文台の敷地の外に出る。

仙台市天文台の惑星広場。子どもたちが弁当を広げる光景も

土星が百九十《メートル》、天王星が三百八十三《メートル》、海王星が六百《メートル》、地球の兄弟の惑星たちは錦ケ丘のご近所さんという印象だ。惑星広場に行ったら惑星になってみよう。軌道の上をランニングしながら太陽系の広がりを感じ、汗を流すのも天文台の楽しみ方の一つである。

ところで、太陽に一番近い恒星は四・三光年先に輝くケンタウルス座のα星である。四・三光年とは光のスピードで四・三年かかる距離ということだ。これをまた七十五億分の一に縮めていくと、だいたい五千四百《キロ》ほどの距離となる。天文台の惑星広場の「ひとみ望遠鏡」の観測棟で約二十《センチ》の大きさで輝く太陽のお隣さんは、北極点やシンガポールあたりで輝いていることになる。

地球儀を眺めながら想像してみると、宇宙の中で隣の星まではずいぶん遠いなあと感じる。そして同時に、太陽系はこぢんまりとした小さな家族だなと思った。

今見ている過去

ミカンの皮を剥いてパクリと食べる。今そこにあるミカンを、今食べている。道端で揺れる草花、隣の家の屋根、遠くの山も、今そこにあるものだ。夜になって月が出た。月も今、見えている。だけど、今見えているお月さんて一秒前の姿なんだって。太陽は、八分前の姿なんだって。今見ているはずなのに。

目の前をあっと言う間に通り過ぎる新幹線。時速三百キロとすれば、秒速八十メートルだ。一秒間に八十メートルも走る。

この世で一番速いのは光。そのスピードは秒速三十万キロ。あまりに速すぎて想像できないほどだ。一秒間に三十万キロ進むということは、三十万キロ先で光った強烈な懐中電灯の光が届くのは、「今」ではなく「一秒後」ということになる。

そんな遠くに懐中電灯を持って行くことはできないが、その辺りにちょうどいるのが月なのだ。月までの距離は約三十八万キロ。だから、月の光が届くのに一秒ちょっとかかる。つまり、今見ている月の光は一秒ちょっと前の光ということになる。

約一億五千万キロ先で輝く太陽の光が届くには約五百秒、約八分十九秒かかるということなのだ。空に輝く太陽は、今の姿ではなく約八分前の姿。そこに見えているのに、なんだか不思議な気持ちになってくる。

木星は三十三分くらい、土星は七十二分くらい前の姿だ。太陽系を超えて最も近い恒星ケンタウルス座α星までの距離は四十一兆キロだから、その光はざっと二百三十万分前の姿ということになるが、ちっともピンとこない。

そこで遠くの天体までの距離は、光が一年かかって届く距離を一光年として、光年という単位で表すのだ。ケンタウルス座α星までの距離は四・三光年。四・三年前の姿と言えば大層分かりやすくなる。

秋の空にぼんやり見ることのできるアンドロメダ銀河は、二百三十万光年のかなたにある。二百三十万年前に出発した光が「今」ようやく地球に届いたということになる。もし、アンドロメダ銀河の中に地球みたいな星があって、望遠鏡で私たちの銀河系を眺めていたとしたら、銀河系にある地球は石器時代だ。

今見上げる星空は、まるでタイムマシンのようにいろんな時代の過去の姿を見せてくれている。どこかには、私たちが生まれた頃の星の光もあるだろう。その光が、自分が生きてきた時間をかけて届いたことを思う時、命と宇宙とがつながっていくような気がしてくる。

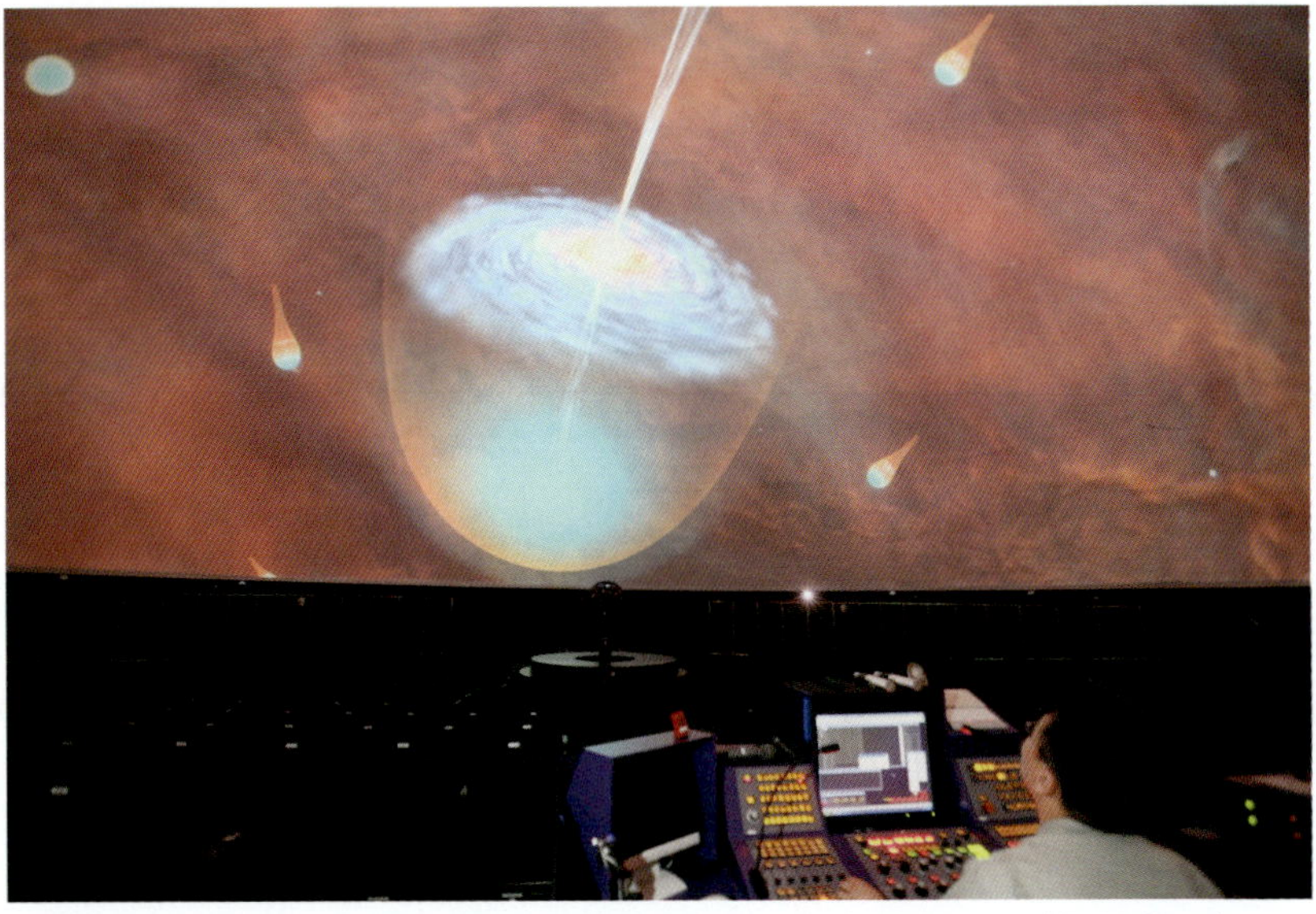

仙台市天文台のプラネタリウム。はるか昔に起きた星の誕生の姿も映し出す（2008年5月28日付河北新報より）

十一月の星空

11月15日
午後8時半頃の星空

十一月（霜月）の星めぐり

紅葉が山から街へと下りて来て絵画に包まれているかのように美しい。北の国から白鳥もやってきた。ポカポカ暖かい日にはついまどろんでしまうが、朝晩急に冷えてきたと思ったら初冠雪の便りが届く。

山は雪で、平地も適度に寒い。そして空が晴れたり、パラパラと雨が降ったりする。そんな「しぐれる日」には、虹が出やすい。上空の氷の粒がプリズムとなって、太陽の光を虹の色に分けている、壮大な光の実験を見ているかのようだ。

南の空には、秋の星座たちが大集合している。星座にはたいてい神話が残されているが、秋の特徴は複数の星座が登場する大スペクタクル神話であるということだ。では、物語をより楽しむために物語に登場する星座たちを探していくことにしよう。

秋の四辺形を目印にして、大きな柄杓《ひしゃく》を作ると「ペガスス座」「アンドロメダ座」が分かる。真北の空高くにある「カシオペヤ座」と北極星の間には、三角屋根の家のように「ケフェウス座」の星たちが並ぶ。

南東の空には、暗い星ばかりで作られている巨大な「くじら座」。アンドロメダの東に漢字の人のような星並びが描かれる辺りが「ペルセウス座」だ。

主なものはこれら六つの星座。目立つ星がないので、星図を頼りに「あの辺りかな」と目星をつけて根気よく探してみよう。暗い所で細かな星並びまで確認できた時の感動はひとしおだ。

暗い星ばかりでなかなか手ごわい秋の星座たちだが、その中には小さい星座も見えている。「アンドロメダ座」のなだらかな曲線の近くに、とても細くて小さな三角形の星並びがある。形の通り、「さんかく座」という。そのすぐ南に、二等星と三等星が二つ仲良く並んでいる辺りが「おひつじ座」だ。

有名な星座や大きな星座の中に埋もれているこんな小さな星座たちを見つけると、ちょっとうれしい気持ちになるものだ。

東の空に冬のさきがけの星たち、「カペラ」と「すばる」が明るい冬の星たちを引き連れながら徐々に高く

虹がかかる秋の田園風景。2009年11月21日、宮城県村田町で

昇ってきている。東はかなりにぎやかになってきた。

この中に、真東を教えてくれる星が見えている。昇ったばかりの「オリオン座」にある三つ星だ。きれいに三つ縦に並んでいる。一番西側の星が、真東から昇って真西に沈んでゆく星なのだ。三つ星が西に沈む時に横向きになるので、楽しみにしていよう。

西の空に「夏の大三角」がまだ見えている。夏のころは、織り姫は空高くその南に彦星があるという位置関係だった。今は二人が横並びになっていて、とても見やすい。同じ星や星並びも季節により印象が違って見えるのが星空の楽しみの一つである。

仙台弁「星物語」

ざっど、むがすのごどだず。

エチオピアの国さ、アンドロメダっつう、うんどメンゴイ姫様、いたったんだど。アンドロメダのガガのカシオペヤも、まんず、美くすい人だったんだけっども、娘ばソレソレすて、いっづも、こいなごとばーり言ってだんだと。

「海の神様の娘っこよっか、おらいのアンドロメダのほが、うんどぐれメンコイっちゃね～！　おっほっほ」

あいや～、ほだごと言っていいんだべが～？　海の神様だでば、しゃねっぷりしねすぺ！

「オダヅナ！」。てば、ごっしゃいたっちゃ～ダレ！ほすて「おめんどこのアンドロメダ、おらいの海の化げものくじらさ、食わせっかんな～！」と、言ったんだど。ほんで、アンドロメダは、海にデハッタ岩んとこさ鎖でつながれてしまったど。

ざば～ん、ざば～ん。波がたがーぐ持づ上がると、ながから、でっけえ、くじら、どどーんとデハッテ来たっちゃ。あぶねごだー。どないすっぺ？　アンドロメダ！

したっけ、空からスロイ馬っこ、飛んで来たんだでば。背中には、いぎなりまぼいペルセウス王子。剣を振り上げ、くじらさ、かがっていったんだど。くじらさ、あっつこっつシャーマスするペルセウス！

ほこで、うまいごつ考えだ。メデゥーサの首があったっちゃ～！　ペルセウスは、くじらさ、おっがね化けもんの首ばむんずとつぎづげだっけ。あいや～、くじらでば、石さ変わって、ぶぐぶぐぶぐ～と、海ん中さ沈んでいっだど。

こいなぐして、アンドロメダは助かったんだど。ワゲストだづは、ほれ、しどめぼれ。アンドロメダは、ペルセウスのオガダになって、なげごと幸せに暮らすだんだど。

いがったたっちゃね。あきさかの星の話ば、聞いてござりした。おすまい。

◆ ◆ ◆

以上、ギリシャ神話の有名な話の「仙台弁訳」だ。化け鯨に襲われたアンドロメダ姫をペルセウス王子が助けた物語。西公園にあった旧天文台での最後のプラネタリウム特別投映などの時に朗読した。

どうだろう？　意外に方言の方が、神話の微妙なニュアンスを伝えやすいかもしれない。皆さんも、思いっ切り口さ出すて、読んでみてけらい！

流星群豆知識（その一）

流れ星をまだ見たことがなくて、ぜひ見たいと思っている人は結構多い。流れ星、実はいつでも飛んでいる。昼も、夜も。ただ昼は見えないし、夜もいつどこに見えるか分からない。では、どうしたら見られるか——。流星群の時期を狙えば、流れ星と出合える確率がぐんとアップする。

そもそも流れ星とは、宇宙に漂うチリが地球に落ちてくる時に光るものだ。

チリに語ってもらうとこうなる。「わ、地球だ、きれいだな。おっと地球の重力に引っ張られてるぞ。落っこちる〜」

地上百キロ辺り。「ぼん。空気が濃くなってきた。摩擦で熱いよ。周りが燃える〜」。こうして流れ星となり、小さなチリは八十キロ付近で燃え尽きてしまう。

流星群は、地球がチリの多い所を通り過ぎる時に見られる現象だ。毎年同じ時期に流星群がある。つまり、チリのある場所が決まっているということだ。それこそが、太陽系の仲間である彗星《すいせい》の軌道なのである。

彗星は太陽に近づくと、太陽の熱で表面が溶けてガスとチリの尾ができる。彗星が去った後は、そのチリが軌道上に残される。ペルセウス座流星群のチリのもとはスイフト・タットル彗星で、オリオン座流星群はハレー彗星だ。

太陽接近後は新しいチリが多いので、たくさん見られるはずと期待も高まる。彗星はまたの名を「ほうき星」とも言うが、掃除するどころかチリをまき散らすほうきだったようだ。

流星群は、空の一点から放射状に飛んで来るように見える。その点を輻射点《ふくしゃてん》という。

輻射点のある星座名が、流星群に付けられている。その星座が昇らないと流れ星はほとんど見えない。流れ星を見た時に、飛んで来た方向を逆にたどってその星座があれば、流星群だと確認できるわけだ。

シャワーの真下に立った時の水の経路は、出口に近いものは短く、出口から離れるにつれて長く見え

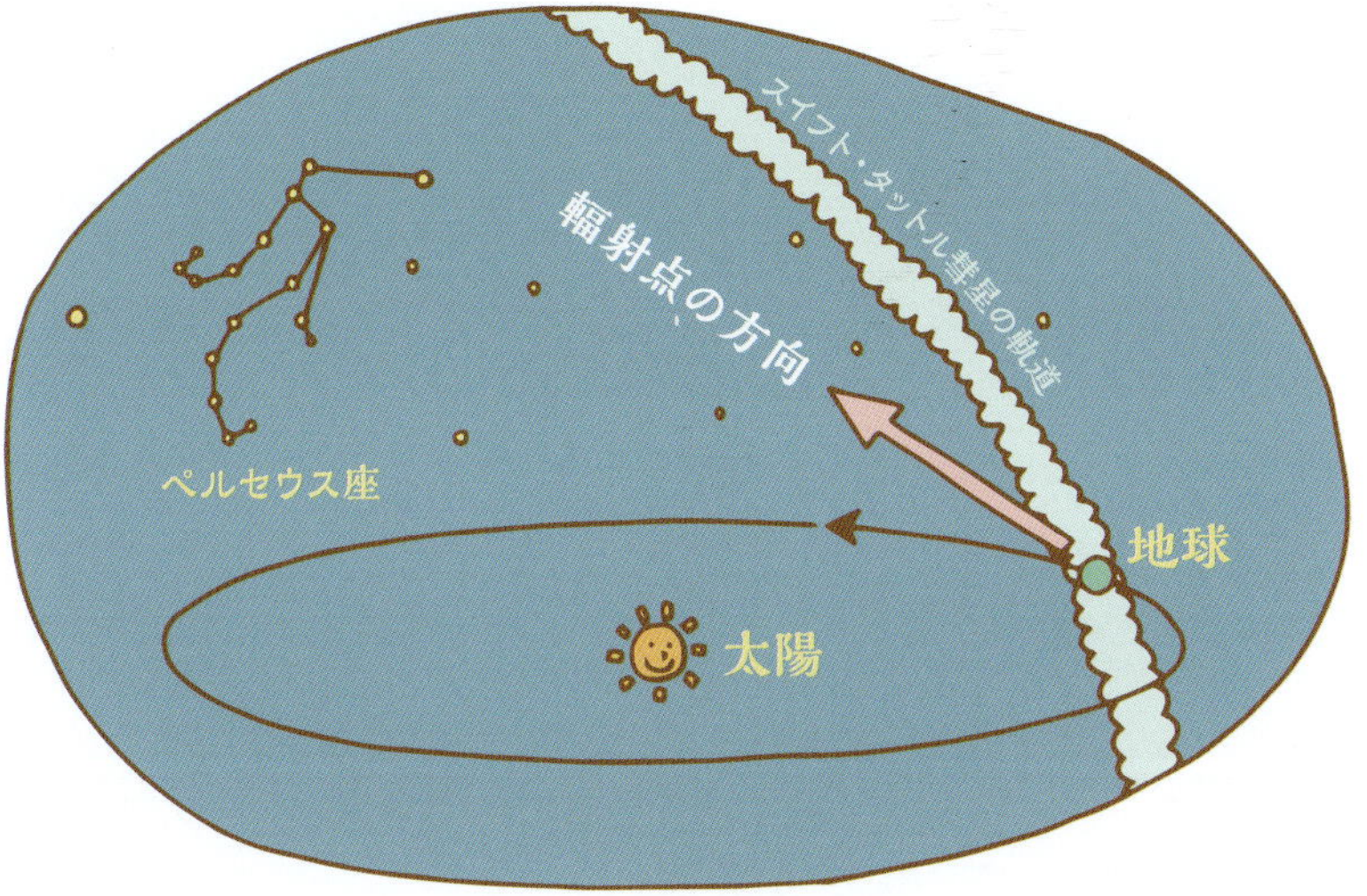

ペルセウス座流星群の仕組み

る。はるかかなたから地球に向かって平行に飛んでくるチリの集団をシャワーの水とするならば、水の出口である星座から降り注いで流れる光が、流星群の流れ星なのである。

ひときわ輝く流星を「火球」と呼ぶ。ペルセウス座流星群でも見られた。2012年8月13日、蔵王で（撮影・佐藤孝悦）

天の川(左上)をかすめるように流れるペルセウス座流星群。2013年8月12日、
宮城県七ケ宿町の刈田岳駐車場で(2013年8月14日付河北新報より)

流星群豆知識(その二)

流星群の時期には質問の電話が増える。

Q　何時に見ればいいですか?

A　最も飛ぶと予想される極大の日の前後を選び、○○座流星群の○○座が昇るころの時間から明け方まで見るのが理想です。無理のない時間帯で観察しましょう。

Q　どっちの方向を見ればいいですか?

A　○○座流星群の○○座の方向から流星は放射状に流れるように見えるので、空全体を見ていて大丈夫です。

Q　どこで見るのがいいですか?

A　なるべく全天を見渡せるような場所で、近くにトイレがあると安心です。翌日仕事や学校があると遠出は大変ですから、自宅近くでゆっくり眺めるのもお勧めです。

流れ星のシャワーが見られた「しし座流星群」。2001年11月19日、茨城県日立市で(撮影・前川義信)

Q　どうやって見るのがいいですか？

A　立ったまま空を見上げていられるのはせいぜい三分。地面に寝転がって見ることをお勧めします。夏には虫さされ対策を忘れずに。また、夜中になると冷えてくるので、特に山で観測する場合は寝袋などが必要です。夜露でびっしょり濡れることも頭に入れておきましょう。冬は、防寒対策をしっかりしないと凍えます。

Q　望遠鏡は必要ですか？

A　流れ星は肉眼で見るに限ります。視力の悪い人は、眼鏡やコンタクトレンズを忘れないようにしましょう。

Q　持ち物のアドバイスを！

A　赤い電球の懐中電灯を使ったり、電球部分にティッシュを巻いたりすると、目がくらみません。せっかくなので、星座早見板を持参しましょう。星座も一緒に覚えれば一石二鳥。

最後に、暗い夜間のことなので安全に気をつけて、くれぐれも事故などに遭わないように。それが一番大事なことだ。

秋空と星座

秋の星空は明るい星が少ないので、とても寂しい感じを漂わせている。暗い星が多いということは、星座をたどるのもなかなか難しい。もっとも、星座たちはとてもユニークなものが多い。特徴の一つが、水に関係ある星座がいっぱいあるということだ。

①**やぎ座**　やぎのしっぽが魚になっている。怪物テュフォンから逃げるため、魚に変身しようとした山羊の神様パーンが、ちょっと変身には失敗した姿が星座に。パニックになったパーンということで、パニックはパーンが語源。また、怪物テュフォンは台風(タイフーン)のことである。

②**みずがめ座**　やぎ座の東に水瓶を持つ少年が描かれている。水瓶を下に向けているので、水がじゃあじゃあこぼれている。

③**みなみのうお座**　秋の一つ星と言われるフォーマルハウトは「大きな魚の口」という意味だ。その名の通り、魚が口を開け水瓶から流れ出た水を飲んでいる。

④**うお座**　秋の四辺形の東に大きいV字形を描いている。V字は二本のひもで、その先にそれぞれ魚がいる。二匹の魚は、女神アフロディテとその息子エロスが魚に変身した姿。パーンと違って、こちらは無事変身に成功。

⑤**くじら座**　海の神様が飼っていた化けくじらで、恐ろしげな姿をしている。アンドロメダ姫救出物語にも登場する。

⑥**エリダヌス座**　くじら座の東に大河エリダヌス川が流れている。目立つ星はほとんど見当たらない。川の流れの果てに「アケルナル」という一等星が輝いているが、地平線のはるか南にあって、日本からは見ることができない。

これら水に関係ある星座たちの北には、夏の大三角を過ぎて「カシオペヤ座」から「ぎょしゃ座」へと天の川が続いている。夏に比べてずっと光は淡くなってしまうが、天の川の水際からこれら水に関係ある星座が広がっていくようにも見えてくる。

天いっぱいに広がっている恵みの水を見上げ、古代の人たちは大地を潤す水を願ったのかもしれない。

五十二年間ありがとう

五十二年という年月は、西公園の天文台の歴史でもある。一九五五年に誕生し、二〇〇七年に閉館した。皆さんは、いつの天文台を知っていますか?

移転が決まり、閉館の時期が決まり、いろいろなことが粛々《しゅくしゅく》と動いていた時期、西公園の天文台をどのように終わらせるかを真剣に考えていた。手書きの新聞「天文台だより」では、二〇〇六年六月号から「～西公園から錦ケ丘へ～天文台メモリーズ」の連載を開始。西公園の天文台の大切な記憶とともに、新天文台建設の進捗状況をお知らせした。

閉館まで約三カ月という秋の始まりの頃、最後のパンフレットを作り、プラネタリウム番組の制作を始め、ラストイベントの企画を考え、「天文台の思い出大募集!」を開始した。

プラネタリウムラスト番組ｉｎ西公園「仙台市天文台物語～五十二年間ありがとう～」には、市民の皆さんから寄せられた多くのエピソードや思い出が盛り込まれている。西公園の片隅にできた小さな天文台で青春時代を過ごした人が、プラネタリウムでプロポーズ、子どもができると親子連れで通い、その子がやがて大きくなり、もうすぐなくなる天文台に親子三代でやって来る。

親子三代、それぞれの時期は違っていても、天文台が家族の歴史と重なっていく。この番組を見た人にとって、どこかで必ず自分の思い出とつながる場面があるのではないかという思いで作ったものだ。

プラネタリウム最後のプログラムを知らせるポスター

親に連れられて来た天文台に、今度は自分が子どもを連れて来てくれる、これほどうれしいことはない。五十二年という時間は、それが十分可能な時間だったのだ。

「ラストイベントin西公園」は、二〇〇七年十一月二十三日から二十五日の三日間行われ、夜遅くまでにぎわった。市民の皆さんのみならず日本各地から駆けつけてくれた大勢の人たちが、天文台に別れを告げた。

さようなら、西公園の天文台…半世紀の思いがつづられた思い出文集「仙台市天文台物語」が完成したのは、半世紀分の片付け作業と新天文台の準備に追われ、間もなく新年度を迎えようとする三月の終わり頃だった。四百人近い方たちの思い出がいっぱいで本当に胸が熱くなった。

これまで天文台に来てくれた大勢の人たち、天文台を支えてくれた皆さん、本当にありがとう。こう言いたかったのに、「天文台ありがとう」という言葉をどれだけたくさんもらったことか。心の片隅に西公園の小さな天文台のことを覚えていてください。

西公園にあった天文台最後の日。ドーム型の建物に別れを告げる市民の列は、夜になっても途切れなかった（2007年11月26日付河北新報より）

十二月の星空

北
北極星
カストル
ポルックス
カペラ
東
西
さんかく
すばる
アルデバラン
オリオン
おひつじ
三つ星
おうし
南
12月15日
午後8時半頃の星空

十二月（師走）の星めぐり

晴れた日の昼間は、部屋の奥まで太陽の光が差し込みポカポカだ。同じ太陽の光なのに、真夏の頃とは違ってふわふわの布団みたいな温かさだ。

寒さはこれからなのに、冬至を境に太陽の南中高度が徐々に高くなり、日も長くなっていくというのは、何とも不思議な気がする。先生たちが忙しく走り回るという師走は、みんなが気ぜわしい。「お正月を迎えたと思ったらもう十二月、早いねえ」があいさつ合言葉のように交わされる。あれから、もうすぐ、地球は太陽の周りを一回りするということだ。


クリスマスが近づいた頃の西の空に、北十字と呼ばれる大きな十字架の星並びが地平線にすっくと立っているのが見える。これは「はくちょう座」がくちばしを下に向けて、西に沈む直前の姿なのである。

カペラとすばるに先導されて、東の空は冬の星座の一等星が七個すべて出そろったようだ。透明度のよい晩には、「すばる」の星が何個見えるか数えてみよう。何となくぼーっとしか見えないという人もいるだろうが、視力に自信のある人なら星が数個、こちゃっと集まっているように見えるだろう。

すばるは生まれて間もない子どもの星たち

地上の星。ＳＥＮＤＡＩ光のページェント（2007年12月16日、仙台市青葉区の定禅寺通）

「すばる」より少し東にあるオレンジ色の一等星アルデバランは、「おうし座」の右目に当たる。左目の星は少し暗いが、両目を結んでできるV字型の星並びで、おうしの顔ができる。「すばる」はちょうど背中辺りにあり、牡牛をくすぐったり、いたずらしたりしている小さな子どもたちみたいだ。

アルデバランからさらに東に二等星が三つ仲良く並んでいるのが、「オリオン座」の三つ星だ。アイヌの民話に、働き者の三人の若者が怠け者の六人の娘を追いかけるというものがある。ギリシア神話にも、プレヤデスの七人姉妹（すばる）をオリオンが追いかけるという話がある。

もちろん、追いつくはずはない。古今東西似た話があるものだが、時間とともに星たちが東から西へと動いていく様子を眺めていると、星たちが「おーい、待ってくれー」と言いながらにぎやかに追いかけっこしているように見えてくるかもしれない。

「ふたご座」が冬の星座たちの集団では最も北東側に見えている。二つの星が仲良く並んでいるので、すぐに分かるはずだ。とても似た星たちだが、よく見ると向かって西側の星カストルは白っぽく、東側の星ポルックスは黄色っぽくて若干明るく見える。日本では、この星たちを「金星さま銀星さま」と呼んだそうだ。かつて、百歳を超えてもお元気でお茶の間のアイドルだった双子の姉妹「金さん、銀さん」を思い出す。

華やかな星たちの中で、「さんかく座」と「おひつじ座」は今南中、最も見やすい位置にひっそりと見えている。

おやぼしこぼし

道ばたに咲いている小さな草花にもちゃんと名前がついている。鳥の声を聞いただけで名前を言い当てる人には驚くばかり。

夜空の星の名前はラテン語やギリシア語がもとになっているものが多い。なので「オリオン座の三つ星は、西からミンタカ、アルニラム、アルニタクと言います」などと説明されても、さっぱり頭に入ってこない名前もたくさんある。

同じ三つ星をこう言ったら?

「冷たい風が吹き抜ける真冬の夜更け、西の空に仲良く横一文字に並んで三つの星が見えます。真ん中の子どもの星が冷えないように、両脇の親星が暖めている姿です。親子の星が地平線に近づく頃になると、春が巡ってきますよ」

なんとほっとする話だろう。「おやぼし・こぼし」の名前は、一度聞いたら忘れることができない。私が大好きなこの星の名前は、亘理や塩釜で聞いた話だという。

三つ星に限らず、目を引く星たちに私たちの祖先が目を向けないはずがない。私たちのふるさとにも、土地固有の星の名前があるに違いない。そんな思いから、宮城県内を歩き星の名前を集めている人がいる。仙台市天文台の千田守康さんだ。

千田さんは天文台、仙台市こども宇宙館、そして再び天文台と半世紀近くも星に携わる仕事をしている。海沿いの地域から山沿いへと、県内各地域で集めたふるさとの星の名前は、まさにその土地に生きる人たちの生活に結びついて、生き生きとしているものばかりだ。

これまで最も印象に残った星の名前は何ですか――と聞いてみると、「みちしるべ」という答えが返ってきた。

道標、つまりいつも同じところにあって私たちを導いてくれる北極星の名前だった。北極星のことを見事に穏やかな言葉で表現している「みちしるべ」。中田町（現登米市）で出会った時は、感激して胸が熱くなったそうだ。

自分の目で夜空を見て、星が種まきや漁の時期を教えてくれることを知り、星に名前をつけた宮城の人たち。千田さんが集め、書き記してくれたそれら貴重な名前を、大切に少しずつでも伝えていければと思っている。

星はともだち。専用のグラスで部分日食を観測する子どもたち。
2012年5月21日、仙台市宮城野区の榴岡公園で（同日付河北新報より）

オーロラは宇宙の出来事

以前、仙台市青葉区の西公園にあった旧天文台で、「オーロラ」というプラネタリウム番組を作ることになった。

そこで、東北大学地球物理学専攻の高橋幸弘先生（現北海道大学教授）に特別授業をしてもらった。オーロラとはなんぞやーを基本から一つずつ教えてもらうのだ。

「オーロラの光る原理は、発電機と同じと思ってもらえばいいよ。ほら、フラミングの左手の法則、知っているでしょ」「？」

先生は左手を出して、親指と人差し指、中指を使って説明をしてくれるが、私はその三本の指さえ上手に作れず四苦八苦。先生は夜が更けるとともに、どんどん元気になる。授業は休憩なしで六時間も続いたのだった。

この授業で、私の心に深く刻まれたのは、「オーロラは宇宙の出来事」ということと、「先生はオーロラが大好きなんだなあ」ということだった。

オーロラは太陽と地球が織りなすドラマだ。頭の中に宇宙に浮かぶ太陽と地球を思い描いてみよう。地球には磁場がある。磁場の源は、地球内部のドロドロに溶けた金属のコアが対流し、発電機と同じ働きをすることで流れる電流だ。

一方、太陽からは常に太陽風が吹き出している。太陽風に含まれる電気を帯びた粒子は猛烈な勢いで地球に吹き付ける。これを地球の磁場がしっかりとガードし直撃を防いでくれている。

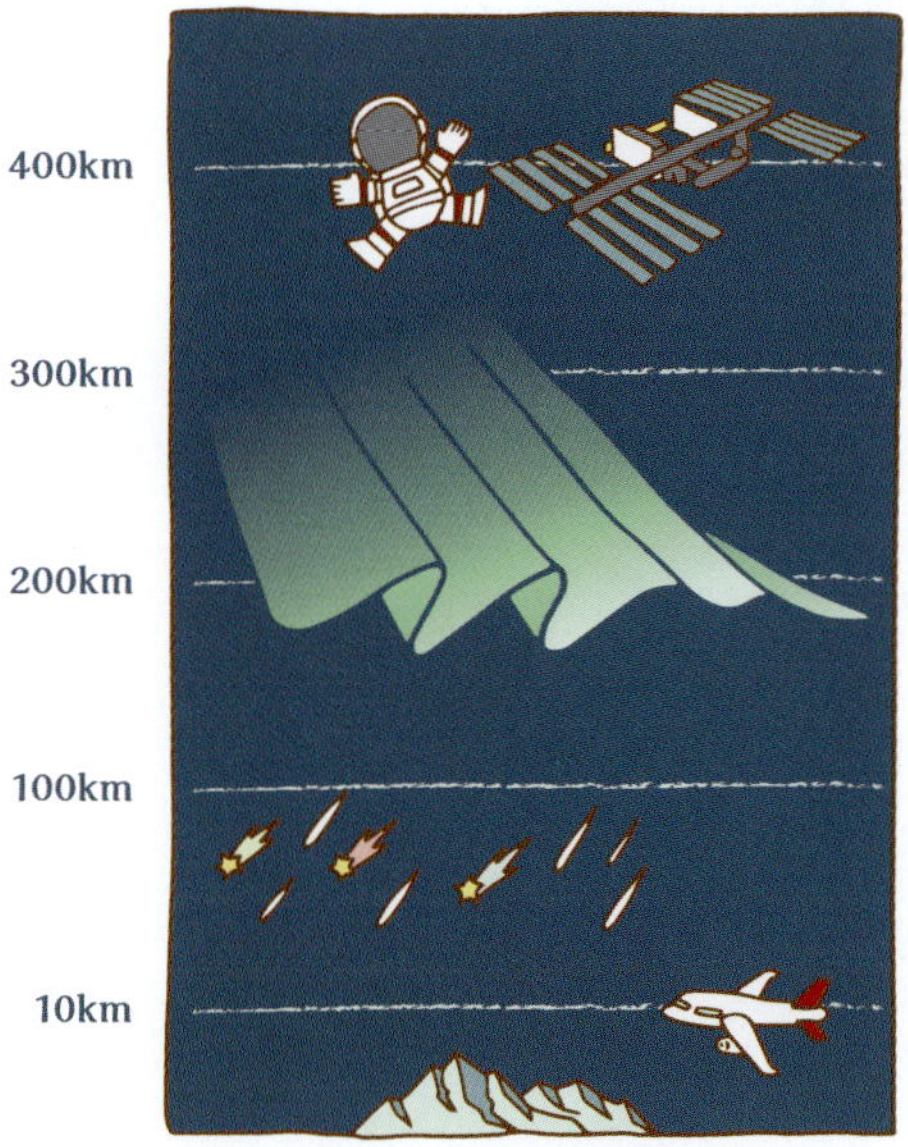

オーロラの仕組み

赤獅子。2000年3月4日～10日（日本時間）、カナダ・イエローナイフ市郊外で（撮影・佐藤信、3枚とも）

萌え出づるオーロラ。2001年2月25日（日本時間）、カナダ・イエローナイフ市郊外で

光の競演。2002年2月12日（現地時間）、アメリカ・フェアバンクス市郊外で

しかし、いくつかの粒子は地球磁場に入り込み、磁力線にそって地球の両極へとやって来る。この太陽からやって来た粒（プラズマ）が、地球の酸素や窒素の粒にぶつかり光るのがオーロラである。

　地上百キロから上を宇宙と定義されている。オーロラという光のショーの舞台が地上百キロから四百キロ、まさに宇宙の出来事なのだ。

　観客席は、北極圏や南極圏。晴れた夜限定の壮大なショーに、私たちは心底あこがれる。だけど、地元に暮らす人々にとっては、見慣れた空の風景であり、自然現象の一つにすぎないのかもしれないなあ。

オーロラに恋して

二〇一四年三月、私は念願のオーロラを見るためにフィンランド行きを決意した。四日間の北極圏滞在は、残念なことに曇り空と小雪が舞う毎日だった。それでも夜中、防寒着に身を包み、凍り付いた湖の上で奇跡的な天候の回復を信じてじっと空を見つめていたのは、われわれ日本人だけだった。

　この年の夏、土曜の夜ともなると駐車場が満車になるという事態が発生した。東北大学と国立極地研究所がアラスカと南極で撮影した最新のオーロラの映像を、プラネタリウムのドームいっぱいに映し出す「オーロラを体感しよう！」という夢のような企画に足を運ぶ人たちだった。

　空や宇宙にそれほど興味がなくとも、「オーロラは一度見てみたい」と答える人は多い。日本にいる限り、見ることはまず不可能だから憧れるというだけではなく、美しいものは「いいなあ。見たいなあ」と思うのが人情だ。

　飛行機で十何時間もかかろうが、マイナス三〇度だろうが、晴れるかどうかの保証がなかろうが、見てみたい。それがオーロラ。しかし、現実的にはちょっと行ってくるよ、などと気軽に出かけられないのもオーロラ。

プラネタリウムの「オーロラを体感しよう！」で、「もうこれでいいや」と満足した人も多いかもしれない。

最近は、撮影機材もぐんと良くなって、テレビでも素晴らしいオーロラの映像を見る機会が増えた。もっとも、機材の目と人間の目とは違うので、映像のようにくっきりとした緑色や赤は見えない。

でも、本物を見た時の感動は大きいという。オーロラのとりこになった人の言葉を引用させてもらおう。

「カーテン状のオーロラの裾がひだとなって、頭の上で舞っている。あたかもフラメンコの踊り手が自らのスカートで華麗な裾さばきをしているかのように」（カナダ・イエローナイフにて）

「天頂から光の矢が四方八方に降り注ぐ。カーテンの裾がひるがえる。ぐるぐる回る。所狭しと全天で暴れ回る。空がオーロラで埋めつくされる」（アラスカにて）

仙台天文同好会の佐藤信さんが、同好会誌に寄せた旅行記にあった。

うらやましい。こういう文章を読むと、やっぱり一度でいいから見てみたいと思う。

オーロラを見ようと集まった人たち。2014年3月、フィンランドで

観測スポット

星を見るのにいい場所は、どこだろう？

意外に思われるかもしれないが、おっくうにならず気軽に見ることができるという点で、自宅や近所の公園など身近な場所がお勧めだ。

「全然星が見えません」という街中であっても、よく

見ると一個や二個は探せるかもしれない。いつも同じ場所で、ふと空を見上げて星を探すのが日常になると、そこから少しずつ発見があるはず。いつもより暗い星まで見えたら、空の澄み具合なども感じられる。

天文台にはいろいろな質問が寄せられる。例えば、早朝や夜にウオーキングをしている人からは、自分が見た明るい星を聞かれることがある。

「毎日見ていると、昇って来る時間が変わっている」「去年の今ごろは見えていなかった」など、よく観察しているものだと驚く。季節の星たちの移り変わりや星空を行ったり来たり動く惑星を、教えられなくても自分の目で確かめている。いつも同じように空を見上げているから分かることだ。そして身近な空を知っていればこそ、暗い所に行った時の星の多さを実感することができるというものだ。

生で見る満天の星は、本当に素

昇るオリオン。2013年11月24日、岩沼市寺島で（撮影・十河弘）

晴らしい。その場所の記憶とともに、星空が脳裏に焼き付いて忘れることができない。一生の宝となるだろう。

　街灯りがなく、空が澄んでいる場所を探すのは、今の時代なかなか大変であろう。自然の中へ入れば入るほど便利さからは遠ざかり、危険も隣り合わせになることも忘れてはいけない。見落としがちなのは、月明かりだ。せっかく晴れていても、月明かりで暗い星が見えないということにならないように、月齢や月の出の時刻も調べておくとよい。

　天体や天体現象によっては、場所を選ぶ必要がある。水星は太陽が沈んだ直後か太陽が昇る直前にしか見ることができないので、西や東の地平線近くを見渡せる場所がよい。

　また、彗星《すいせい》はその日によって見える位置が変わるので、位置を調べて臨む必要がある。皆既月食は日本中で観察できるので、月が見えればどこでもよい。流星群の場合はなるべく全天を見渡せるような所…。などなど。

　星を見るのにいい場所は、どうも一言では決められないようだ。自宅であってもお気に入りの山や海であっても、自分にとって居心地のよい星見場所を探す楽しみもありそうだ。

地球の姿

もし地球の自転軸が真っすぐ立っていたら――。仙台では、太陽は一年中真東から昇り、五二度まで上がって真西に沈む。その繰り返しで、昼と夜の時間はいつも同じとなる。つまり、季節の移り変わりを楽しむことはできないということだ。二三・四度傾いていてよかった。子どもの頃は地軸というものが、地球に刺さっていると思っていた。本当にあったら面白かっただろう。

地軸の先を見上げると、そこには北極星が輝いて北半球に住む私たちに北を教えてくれる。もう一つ、北極星はその土地の緯度を高さで教えてくれる。

わざわざ分度器を用意しなくてもよいので、自分の手を使って測ってみよう。げんこつを作り、腕を真っすぐ前に伸ばすと、げんこつ一つ分が角度の約一〇度になる。

仙台でやってみると、げんこつ四個に少し足りないぐらい。仙台は北緯三八度。以前、北海道の宗谷岬でやってみたら四つと半分くらいになった。ああ、地球をこんなに移動したのだと感動した。それ以来、地球を旅した時は北極星の高さを測り、地球の大きさを思うのだ。

二〇一四年は、北緯六七度の北極圏と、赤道からわずか北にある北緯七度の地点に立つことができた。

地球儀を眺めながら、あまりにも異なる二つの国が織りなす大自然の広大さを思う。

例えば同じ冬至の日、北緯六七度では、一日中太陽が昇らない。日の出前や日の入後の薄明かりと夜が続く。その頃、北緯七度では太陽がまぶしく半袖で過ごしている。同じ星の上の同じ時なのに全く不思議だ。

そしてまた思う。今この瞬間、北緯七度の国で出会ったガイドさんがコバルトブルーの海をボートで走っている時、北緯六七度で出会ったガイドさんは雪の山の中をスノーシューで歩いているかもしれない。海でニモが元気に泳いでいる時、トナカイがそりを引いているだろう。

同じ時を同じ地球という星の上でたくさんの生命が生きているということを、旅は教えてくれる。

パラオの北緯７度から望む星々。真横になったオリオン座と冬の大三角が見える（2014年12月20日撮影）

フィンランドを走る北極圏の境界ロバリエミのサンタクロース村で。
北緯66度33分の表示がある（2014年3月1日撮影）

仙台市青葉区錦ケ丘にある仙台市天文台。2008年7月にリニューアルオープンした（2013年6月28日付河北新報より）

あとがき

子どもの頃を過ごした宮城県柴田町は、見渡す限り水田が広がり蛙《かえる》の合唱がうるさ過ぎて夜眠れないほどのすてきな田舎でした。学校への行き帰りに田んぼのあぜ道を歩きながら、空や大地に起こるいろいろなことを発見するのがとても楽しみでした。

いつのことだったか、父親が天の川と夏の大三角を教えてくれました。また、皆既月食を見せてくれたこともありました。空を見上げればいつも満天の星がきらめく、そんな場所で、いつしか星がとても身近な存在となっていたように思います。

私が初めて仙台市天文台で仕事をするようになったのは、十九歳の時でした。つまり、専門的な勉強を受ける機会のないまま天文台に入ったのです。あったのは、熱い情熱と大きな夢だけだったかもしれません。

その時から現在まで、四十年近くも天文台で仕事をさせていただけたことは奇跡のようです。そして、人前で話すことが強烈に苦手な私が、毎日のようにお客さんに星の話をし続けてこれたこともまた、私にとっては奇跡です。きっと星が私に力をくれているからだといつも思っています。

もう一つの奇跡はこの本です。天文台が六十周年を迎え自分自身も還暦を迎えるこの年に、星空のご案内をしながらこれまで体験したたくさんの不思議や感動をお伝えすることができるなんて、これほどありがたいことはありません。私が皆さんの隣にいるつもりで読んでいただき、星や宇宙は楽しそうだな、空を見上げてみようかなと思っていただければ大変うれしく思います。

たくさんのイラストは、天文台で現在活躍中の若きスタッフ立花沙由里さんによるものです。私の乏しいイメージをかわいくホットなイラストに作り上げてくれました。

また、天体写真や星景写真は仙台天文同好会の佐藤信さん、佐藤孝悦さん、前川義信さん、十河《そごう》弘さんが、愛機で時間をかけて撮影した素晴らしい画像です。河北新報からも写真掲載を快諾していただきました。

仙台市天文台のスタッフの皆さんや、天文台を運営する五藤光学研究所からも温かい応援をもらいました。これまで出会い、助けてくださった多くの市民の皆さんと、長い間支えてくれた愛する家族にもありがとうを言いたいです。

そして、本の執筆の機会を下さった、河北新報出版センターの佐藤陽二さんには心から感謝いたします。

天文台は、土佐誠台長をはじめ元気なスタッフがいつも笑顔で皆さんをお迎えします。どうぞ気軽に遊びにいらしてください。この本を読んでくださった皆さんとも、いつかどこかでお会いできることを楽しみにしています。

二〇一五年三月

高橋　博子

プロフィール

高橋　博子（たかはし・ひろこ）

1955年生まれ、宮城県柴田町出身。仙台市天文台スタッフ
宮城県第二女子高（現仙台二華高）で地学部天文班に入部。同校卒後、1975年から仙台市天文台に勤務、プラネタリウムの解説を始める。「天文台だより」の発行や、ろう学校向けのプラネタリウムを開発。2007年西公園の天文台のラストイベントを企画。
2008年から新天文台で勤務

ようこそ星めぐり　せんだい 天文台だより

発行日　2015年3月19日 第1刷
著　者　高橋　博子
イラスト　立花　沙由里
発行者　岩瀬　昭典
発　行　河北新報出版センター
〒980-0022
仙台市青葉区五橋１丁目2-28
河北新報総合サービス内
TEL 022-214-3811
FAX 022-227-7666
http://www.kahoku-ss.co.jp
印　刷　株式会社　ビー・プロ

定価は表紙カバーに表示してあります。乱丁・落丁本はお取りかえいたします。
ISBN978-4-87341-333-4